R. Bürger 99

Karl Ploberger

Der Garten für intelligente Faule
– Ideen und Praxis

Das etwas andere Gartenbuch

Karl Ploberger

Der Garten für intelligente Faule – Ideen und Praxis

Das etwas andere Gartenbuch

Verlag Eugen Ulmer
Österreichischer Agrarverlag

Inhaltsverzeichnis

Umgraben
– nein, danke! 117

Schädlinge und Krankheiten
sanft bekämpfen! 128

Faul durchs Gartenjahr 138

Gärten – Begleiter durchs Leben 152

Der bequeme Garten für …

Legende

 Tipps für besonders „Faule"

 *Tipps für besonders „Intelligente"*

🍀 Intelligent und faul!

Ein Garten wächst, Tag für Tag und Jahr für Jahr. Mit ihm wächst die Freude am eigenen Stück Grün – und damit auch die Erfahrung.

Dieser Sammelband meines ersten und zweiten Buches wurde von mir komplett überarbeitet und auf den neuesten Stand gebracht, denn auch wenn ein Garten dem ewigen Kreislauf des Werdens und Vergehens unterliegt, so gibt es doch immer wieder neue Erkenntnisse.

Dennoch bleibt eines bestehen: „Im Garten für intelligente Faule" wird vieles einfacher: Die Erde wird gemulcht, damit man gelegentlich auf das Gießen verzichten kann und das Unkraut nicht zu wuchern beginnt. Pflanzen erhalten Kompost und wachsen gesünder. Und im Garten leben viele Nützlinge, die die Schädlinge bekämpfen – ohne Gift und ohne Chemie.
Das ist doch schon etwas!

Der „Garten für intelligente Faule" ist keine Erfindung von heute. Schon vor vielen Jahren hat der berühmte deutsche Staudengärtner und Buchautor Karl Foerster aus Potsdam

einen Garten mit vielen Stauden als einen „Garten für intelligente Faule" bezeichnet. Ich habe diese Idee aufgegriffen und das Drumherum ergänzt.

Genießen Sie also Ihren Garten. Legen Sie sich in den Liegestuhl und lassen Sie das Unkraut (bei mir heißt es „Wildkraut") Unkraut sein. Arbeiten Sie mit der Natur und nicht gegen

sie. Sie können sicher sein: Schon bald haben Sie mehr Zeit und der Garten bleibt trotzdem ordentlich.
Und auch diesmal gilt: Reden Sie nicht von der Garten„arbeit". Gehen Sie doch einfach „garteln". Sie werden sehen, schon allein dadurch wird vieles leichter.

Karl Ploberger

P.S. Auf meiner Homepage finden Sie immer viele Neuigkeiten.
Ich freue mich auf Ihren Besuch!
Homepage: www.biogaertner.at
e-mail: karl.ploberger@biogaertner.at

7 Schritte
zum etwas anderen Garten!

Schöne Gärten müssen nicht zur Hauptbeschäftigung werden — durch die Gestaltung mit der Natur und nicht gegen die Natur bleibt Zeit zum Entspannen.

Bei meinem Garten irren sich die meisten: Natürlich bin ich oft (und gerne) im Garten – aber den 2.500 Quadratmetern sieht man nicht an, dass sie von einem Gartenenthusiasten gepflegt werden, der eigentlich einen anderen Hauptjob mit 60 Stunden-Woche hat und dessen Ehefrau zwar fleißig im Garten werkelt, aber doch nur von Zeit zu Zeit.

Fast allen geht es so: Man betritt einen Garten und nach wenigen Minuten hat man sich ein Bild gemacht. Dann ist man überzeugt: Dieser Garten ist ein großes Stück Arbeit! Oder: Hier hat schon lange niemand mehr für Ordnung gesorgt!

Und so meinen alle, es gäbe sicherlich einen Gärtner. Nein: Vielmehr sind Gestaltung, Auswahl und Kombination der Pflanzen, sanfte Düngung, der Umgang mit dem Boden, das Bodenbedecken und vor allem das sanfte Bekämpfen von Schädlingen und Krankheiten ausschlaggebend.

Mit der Natur und nicht gegen die Natur ist die Devise. 7 Beispiele und 7 Schritte zum Erfolg:

1 Ein natürliches Biotop – oder bleiben wir lieber beim Wort Teich – wo weder Teichfilter noch Algenex, weder Seerosen-Dünger noch Insektenkiller verwendet werden, hat glasklares Wasser, weil die Natur der „Gärtner" war. Also:
Schritt 1: Faul sein lohnt sich – Garten naturgemäß anlegen!

2 Die nach wie vor beliebteste Gartenpflanze der Welt – die Rose. Ein Gewächs, das es gerne sonnig, aber luftig hat. Doch wo werden Rosen meist gepflanzt? Unter einem Baum oder direkt vor der knallheißen Hauswand wird die Rose immer krank sein: Es ist der falsche Standort. Daher:
Schritt 2: die richtige Pflanze am richtigen Standort.

3 Das Leben auf der Erde ist ein Kreislauf. Nichts bleibt in der Natur ungenützt – alles wird wiederverwertet. Der intelligente Gärtner macht sich das zum Vorbild und kompostiert – nicht mit viel Aufwand, denn die richtige Mischung macht es aus, dass rasch nach Walderde riechender Humus entsteht.
Schritt 3: Humus aus Kompost, der die Pflanzen gesund hält.

4 Ein Spaziergang im Wald zeigt es am besten: Ohne Umstechen, Gießen und Jäten entsteht hier Erde, von der Gärtner träumen: locker, weich, feucht! Warum? Die Natur bedeckt den Boden mit Blättern, kleinen Ästen, Nadeln oder auch Moos. Und genau deshalb beschließt der intelligente Faule …
Schritt 4: Es gibt in Zukunft keine unbedeckte, keine nackte Erde.

5 Für viele Naturliebhaber ist die Blumenwiese das bunteste Beet – gepflanzt nicht nach den Ideen von so manchem Gärtner, der wahrscheinlich Glockenblumen, Margeriten und Kuckucksnelken eher in Reih und Glied gepflanzt hätte – „damit es ordentlich aussieht"!
Schritt 5: Die Natur sagt, die bunte Mischung ist es, die Pflanzen gesund erhält.

6 Wie manche Gärtner mit ihrem Boden umgehen! Man wundert sich wirklich, dass hier noch etwas gedeiht: Zuerst der Bagger, der den Boden verdichtet. Dann jahrelang ungeschützte Erdhaufen und schließlich das Verteilen – wieder mit einem schweren Baugerät. „Treten wir den Boden – die Lebensschicht auf unserer Erde – nicht mit Füßen" und machen wir es uns bequem:
Schritt 6: kein Umstechen, sondern intelligentes Bodenlockern.

7 Schädlinge und Krankheiten: Schnecken beim Salat, Wühlmäuse im Obstgarten, Sternrußtau an den Rosen … da soll man nicht die Nerven verlieren! Also her mit der Chemie? Nein, die Natur heilt selbst, wenn man ihr hilft. Daher sanft vorgehen. Und auch wenn es noch so schwer fällt, …
Schritt 7: Ohne chemische Keule vorzugehen ist besonders wichtig.

Auf natürliche Weise entsteht nicht von heute auf morgen, nicht mit dem scheinbaren Erfolg eines rasch wirkenden Gifts oder eines künstlichen Düngers, ein Garten, der wirklich als Oase der Natur bezeichnet werden kann. Es wird Rückschläge und Zweifel geben – aber langfristig entsteht ein viel bewundertes Stückchen Erde – eben ein Garten für den intelligenten Faulen.

Gut geplant

... ist halb gearbeitet!

Zeit für Planung
ist gut angelegt

Gärten sollen nicht durch Zufall entstehen, sondern Schritt für Schritt. Zuerst werden die Wünsche aller Garten„bewohner" gesammelt, dann die gewünschten Bereiche in Skizzen eingetragen und, falls nötig, reduziert oder ergänzt. So entsteht ein einfacher Plan, der Grundlage für die endgültige Gestaltung sein kann.

Bücher, Kataloge und Zeitschriften sind die Grundlagen für die geschickte Planung eines Gartens in Eigenregie. Überaus hilfreich ist auch der Blick über den Gartenzaun. Besuchen Sie Gärten, denn dann ist hautnah zu spüren, wie ein Garten gestaltet werden kann. Adressen erhält man über Gartenbauvereine, aus Büchern und natürlich aus der großen Vielfalt an Garten- und Wohnzeitschriften.

Gartenplanung – kein Problem! Da ein paar Sträucher beim Baumarkt kaufen, dort ein Paar Säcke Rindenmulch erstehen, den Rasensamen aus dem Supermarkt mitnehmen und ein paar Samentüten packen wir auch noch ein, damit es im Garten üppig blüht!

Es ist kaum zu glauben, wie manche Gärten entstehen. Häuser werden oft jahrelang geplant, jeder Zimmergrundriss maßstabsgetreu gezeichnet und immer und immer wieder umgeplant. Der Garten aber entsteht meist nebenbei durch Zufall. Gärten aber sind das grüne Wohnzimmer, was die Planung hier besonders wichtig macht. Es gibt zwei Möglichkeiten: Entweder, man zieht einen Experten zu Rate – also einen Gartenarchitekten oder Landschaftsgärtner – oder man greift selbst zu Papier und Bleistift.

So entsteht der Garten für intelligente Faule
10 goldene Regeln für die Gartengestaltung

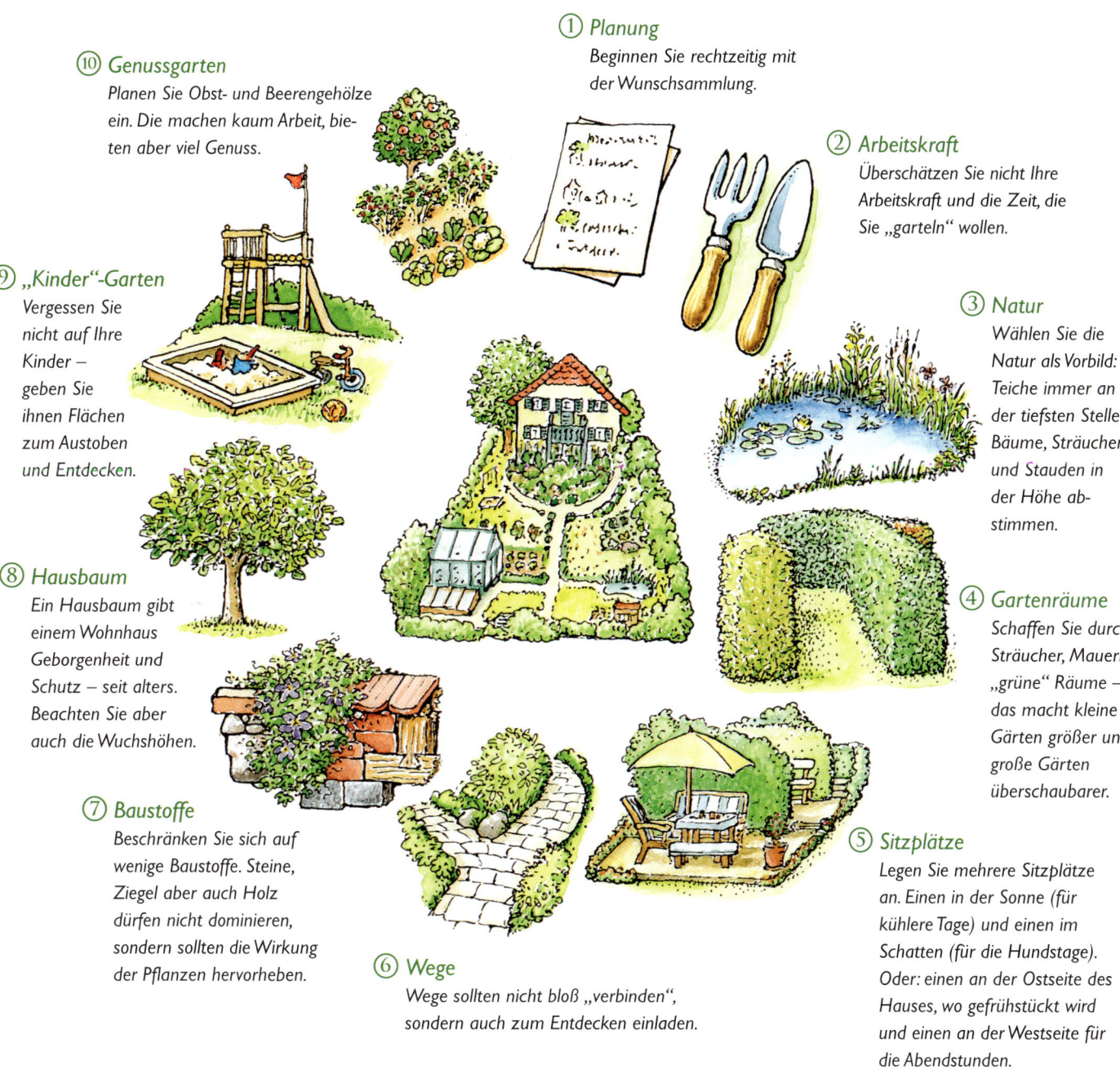

① Planung
Beginnen Sie rechtzeitig mit der Wunschsammlung.

② Arbeitskraft
Überschätzen Sie nicht Ihre Arbeitskraft und die Zeit, die Sie „garteln" wollen.

③ Natur
Wählen Sie die Natur als Vorbild: Teiche immer an der tiefsten Stelle, Bäume, Sträucher und Stauden in der Höhe abstimmen.

④ Gartenräume
Schaffen Sie durch Sträucher, Mauern „grüne" Räume – das macht kleine Gärten größer und große Gärten überschaubarer.

⑤ Sitzplätze
Legen Sie mehrere Sitzplätze an. Einen in der Sonne (für kühlere Tage) und einen im Schatten (für die Hundstage). Oder: einen an der Ostseite des Hauses, wo gefrühstückt wird und einen an der Westseite für die Abendstunden.

⑥ Wege
Wege sollten nicht bloß „verbinden", sondern auch zum Entdecken einladen.

⑦ Baustoffe
Beschränken Sie sich auf wenige Baustoffe. Steine, Ziegel aber auch Holz dürfen nicht dominieren, sondern sollten die Wirkung der Pflanzen hervorheben.

⑧ Hausbaum
Ein Hausbaum gibt einem Wohnhaus Geborgenheit und Schutz – seit alters. Beachten Sie aber auch die Wuchshöhen.

⑨ „Kinder"-Garten
Vergessen Sie nicht auf Ihre Kinder – geben Sie ihnen Flächen zum Austoben und Entdecken.

⑩ Genussgarten
Planen Sie Obst- und Beerengehölze ein. Die machen kaum Arbeit, bieten aber viel Genuss.

Exotik auf Terrasse oder Balkon muss nicht gleich mehr Arbeit bedeuten. Palmen sind besonders genügsam.

Tipp

Gehen Sie von einem geringen Zeitbudget aus, das für Ihren Garten zur Verfügung steht, denn das Interesse sollte von selbst wachsen.

Überfordert Sie Ihr Garten schon von Beginn an, werden Sie keine Liebe zu ihm entwickeln.

Die Gestaltung eines Gartens sollte idealerweise mit der Planung des Hauses beginnen. Oder noch besser: Bevor die ersten Entscheidungen über die Form des Wohnhauses gefallen sind, sollten die Hauptzüge des Außenbereiches fixiert werden: Wo liegt der Teich? Wo ein Bachlauf? Wohin kommen die Blumenbeete? Benötigen Sie einen Sichtschutz zu einer Straße oder zum Nachbargrundstück? An welchen Stellen sind die Sitzplätze am schönsten? Gibt es Sonnen- und Schattenstellen? Wird ein Gemüsegarten angelegt? Ist noch Platz für eine Obstwiese? Wo können die Kinder spielen? Bleibt Platz für eine Blumenwiese?

Für viele Gartenneulinge sind solche Fragen oft schwer zu beantworten, und so manches wird gar nicht bedacht. Wer unerfahren in der Pflege eines Gartens ist, sollte hier unbedingt den Rat von Fachleuten einholen: Landschaftsgärtner und Gartenarchitekten sind sicherlich günstiger, als so manche nachträgliche Behebung eines Fehlers, die teuer werden kann. Und manches lässt sich später überhaupt nicht

Orangenbäumchen werden nicht zur Grundausstattung von Gärten gehören, aber: Hier beginnt der Traum vom Süden.

mehr ausgleichen. Nicht unterschätzen sollten Sie aber auch die Ratschläge von erfahrenen Gärtnern und Hausbesitzern. Verlassen Sie sich einerseits auf die „Bequemen", die den Garten eher als Belastung sehen, doch ziehen Sie auch die Ratschläge von echten „Freaks" heran, denn langjährige Erfahrung zeigt: So mancher Nichtgärtner wird plötzlich zum Vollblutprofi, wenn er das „Garteln" erst entdeckt hat.

Die ersten Entscheidungen

Jeder Garten benötigt eine Umzäunung. Bei kleineren Gärten wird das ein Zaun mit einer geschnittenen Hecke sein. Das bedeutet jedoch zumindest ein bis zweimal pro Jahr sehr viel Aufwand für den Formschnitt.

Bei größeren Gärten sollte man dagegen als Begrenzung eine Wild- und Blütensträucherhecke wählen. Sie benötigt eine Breite von rund zwei bis vier Metern und wird je nach Pflanzenauswahl im Laufe der Jahre bis zu drei, vier Meter hoch.

Der Vorteil für den „intelligenten Gärtner": Der Schnitt reduziert sich auf ein Minimum. Lediglich einige wenige Äste werden pro Jahr abgeschnitten, um beispielsweise angrenzende Wege oder Beete freizuhalten.

Ein Wildstrauch mit zarter Zierde und viel Nutzen: Die Kornelkirsche blüht im zeitigen Frühjahr und schmückt sich im Herbst mit roten Früchten, die von Vögeln geliebt werden.

Zäune sollen Gärten nicht zum „grünen Gefängnis" machen: „Nicht der Zaun prägt einen Garten, sondern die Blumen, die darinnen blühen".

Erlaubt ist, was gefällt: In den Pflasterritzen grünt und blüht es.

Da macht das Spazierengehen Spaß: Ein Kunstwerk, das mehr ist, als bloß ein Stück Weg.

Granit, Klinker und Betonplatten: Es kommt nur auf die Idee an.

Ansonsten dürfen die Gehölze wachsen und werden nach spätestens zehn Jahren „auf den Stock gesetzt". Das heißt: Geeignete Sträucher werden im Spätwinter bis knapp über dem Boden abgeschnitten. Sie treiben dann kräftig durch und bilden schon nach einem Jahr wieder eine rund zwei Meter hohe Begrenzung.

Sollten es die Umstände erfordern, kann natürlich aus Sicht- oder Lärmschutzgründen die Wildsträucherhecke nur um einen Teil zurückgeschnitten werden.

Der Weg ist das Ziel

Es gibt Gärten, die nur noch aus Hecke, Rasen und einigen mächtig betonierten Wegen und Terrassen bestehen, die mehrmals jährlich dampfgestrahlt werden. Natürlich will auch der intelligente Gärtner sein Stück Grün nicht ungepflegt erscheinen lassen. Doch die Natur sollte auch bei der Gestaltung der befestigten Flächen einbezogen werden. Sand oder Kies statt Beton lautet die Devise: Der Wegbelag, möglichst Naturstein, wird in einem Sandbett verlegt. So leisten Sie einen zwar kleinen, aber

doch nicht unbedeutenden Beitrag, die Versiegelung der Landschaft zu verhindern. Ein scheinbar geringfügiger Schritt, doch wenn man bedenkt, wie viele hunderttausende Quadratmeter an Gartenwegen zusammenkommen!

Keine Angst vorm Unkraut: Wenn es einmal zu stark wuchert, mit einem Flämmgerät entfernen. Das geht einfach und ist umweltfreundlich.

Ärger mit dem „Un"kraut kann es bei Ihnen als „intelligentem" Gärtner nicht geben: Es gibt zahlreiche Pflanzen, die sich in schmalen Pflasterritzen wohl fühlen: Felsennelke, Sternmoos, im Randbereich vielleicht sogar

Vexiernelken oder als Blickfang eine Königskerze. Sie werden es nach einiger Zeit beobachten: Das Leben auf, neben und selbst unter dem Weg ist vielfältig. Das Pflaster hält die Verdunstung gering, wodurch selbst direkt angrenzende Blumenbeete bei längerer Trockenheit profitieren, da eben die Pflanzenwurzeln dorthin wachsen, wo der Boden feucht ist. Wären die Wege betoniert, würden die direkt angrenzenden Gewächse schon nach einigen Tagen der Hitze ihre Blätter hängen lassen.

Wasser ist nicht nur zum Waschen da

Kein Garten ohne Biotop, lautet die Devise! Alljährlich pilgern Horden von Gartenbesitzern im Frühjahr in die Gärtnereien und Gartencenter und kaufen Teichfolien, Plastikfelsen und Goldfische. Damit schaffen sie sich ihren Traum-Miniwassergarten. Natürlich wird dann auch nicht auf die japanisch angehauchte Bogenbrücke, den Wasser speienden Frosch, einen angelnden Gartenzwerg und die aus Kunststein gegossene Meerjungfrau vergessen. Und selbstverständlich kommt (für Papa …) die umfassende Technik dazu: Filteranlagen, UV-Entkeimer, Kescher, Pumpen und so weiter …

Wasserflächen benötigen wenig Pflege – vergessen Sie alle Algenmittel und haben Sie Geduld!

Einmal angelegt, bleibt der Teich über Jahre so, wie er ist.

Verzichten Sie auf zu viele Steine, sie sind schwer zu transportieren. Setzen Sie die Pflanzen bis knapp an den Wasserrand (Sumpfgewächse), das erleichtert das Anlegen und ist naturnah.

Teiche schaffen Ruhe.

Wasser lockt Tiere an, Libellen zum Beispiel – Beschaulichkeit für gestresste ManagerInnen.

Durch Teiche entsteht ein angenehmes Kleinklima.

19

Wasser im Garten schafft Plätze zum Mit-der-Seele-Baumeln. Ob Teich oder Springbrunnen (rechts) — es sind Oasen der Ruhe.

Der alljährliche Besuch auf der Gartenfachmesse in Köln zeigt: Ganze Branchen können vom Gartenteichboom leben. Ob mit Kitsch oder ohne – auch wir „intelligenten Faulen" machen mit. Wenn auch nicht in allen Bereichen.

Angelegt wird der Teich an der tiefsten Stelle – dort, wo auch in freier Natur das Wasser zusammenfließen

würde (Details siehe „Wasser im Garten"). Als Dichtungsmaterial wird Folie verwendet. Rundherum kommt allerdings keine Gesteinswüste, sondern bei flachen Ufern darf die Natur bis ans Wasser heran.

Teiche sind zwar Plätze zum Mit-der-Seele-Baumeln, aber ganz eigennützig sind wir nicht: Frosch, Kröte, Ringelnatter und viele andere Tiere suchen

(ohne Zukauf!) nach kurzer Zeit diese Wasserstelle auf und möchten sie auch irgendwann wieder verlassen. Daher die flachen, naturnahen Ufer. Und wer schon auf einen Springbrunnen nicht verzichten kann, der sollte lieber niedrige als zu hohe Fontänen wählen, keinesfalls jedoch in der Nähe von Seerosen, denn heftig bewegtes Wasser bekommt diesen Pflanzen nicht.

Kleine Spring-
brunnen beleben
nicht nur das Was-
ser, sondern sor-
gen auch durch
ihr Glucksen
für ein angeneh-
mes und be-
ruhigendes
Geräusch.

Ohne großen Auf-
wand lässt sich ein
Springbrunnen mit
Solarzellen instal-
lieren – so muss
keine Stromlei-
tung verlegt wer-
den. Das ist
energiesparend.

Und noch etwas zur Gestaltung

Schaffen Sie in Ihrem Garten Räume: Große Gärten werden dadurch kleiner, kleine Gärten wirken dagegen größer. Räume zu schaffen heißt, große Flächen zu unterteilen: Durch Sträucher, Hecken, Mauern oder Blumenbeete. Ein Garten sollte niemals von einer Stelle aus überblickt werden können. Räume machen Gärten romantisch und interessant, laden Besucher und Besitzer zum Umherspazieren und Entdecken ein. Vergessen Sie aber nicht, Blickachsen zu schaffen. Wenn das Rundherum beim Garten nicht stimmt, weil beispielsweise Straßen oder Nachbarhäuser sehr nahe vorbeiführen, dann muss man im Garten Blickpunkte und Blickachsen schaffen: durch Wege, Brunnen oder Statuen.

Selbst in kleineren Gärten sollte ein traditionelles Gestaltungselement nicht fehlen: der Hausbaum. Bei großen Besitzungen kann dies eine Linde oder Eiche sein, aber selbst im kleinen Reihenhausgarten ist Platz für einen Baum: Schlank wachsende Gehölze, oder solche, die immer wieder in Form gebracht werden können, sollten Sie dafür wählen. Als blühende Variante könnten beispielsweise Felsenbirne, Zierkirsche oder Magnolie zum Hausbaum werden.

Eine an sich unbedeutende Steinsäule wird zum Blickpunkt – das ist Gartenkunst in Perfektion.

7 SCHRITTE ZUM PERFEKTEN PLAN

1 Gartenplanung beginnt mit der Hausplanung – also rechtzeitig! Verwenden Sie Millimeterpapier, so ist der Maßstab am leichtesten einzuhalten (1 cm = 1 Meter). Setzen Sie einfache Symbole für alle Elemente des Gartens.

2 Zeichnen Sie als erstes die Umrisse ein. Norden sollte am Papier immer oben sein, so erkennen Sie die Sonnen- und Schattenseiten. Zeichnen Sie auch dominierende Details außerhalb des Grundstücks ein: Hausmauern von Nachbarhäusern, große Bäume, Straßen.

3 Alle unveränderlichen Teile des Gartens, wie Gartentore, Zufahrten und natürlich die bereits fertig gestellten oder fix geplanten Gebäude (Garagen, Gartenhäuschen) werden im Plan eingetragen. Das gilt auch für Bäume oder Gehölze, von denen man annimmt, dass sie bei der Planung integriert werden können. Noch passiert nichts, wenn der eine oder andere „alte" Baum zuerst weggelassen wird und dann doch im Garten bleiben soll, es genügt ein Federstrich und er ist wieder da.

4 Als nächstes werden die Hauptelemente des Gartens eingezeichnet, also ein Teich, ein Bachlauf, eine Blumenwiese, der Gemüsegarten. Danach kommen die Blumenbeete und möglicherweise notwendige Mauern (Trockenmauern), um abfallendes Gelände abzustützen.

5 Wege schaffen Verbindungen. Oftmals ist aber der kerzengerade Gartenweg langweilig. Rund um einen Strauch, vorbei an einem Sitzplatz, ein sanfter Übergang vom Plattenweg in einen Kiesweg, einen Rindenmulch-Pfad und schließlich in einen Rasenweg – da kommt keine Langeweile auf.

6 Selbst kleine Gärten „vertragen" Bäume – wenn sie richtig ausgewählt wurden. Beachten Sie jedoch die Größe der Bäume in 10 bis 15 Jahren und zeichnen Sie diese ein.

7 Blumenbeete sind der letzte Teil der Planung. Versuchen Sie immer, den Garten in seiner Gesamtheit zu betrachten. Vergessen Sie also nicht, Bäume und Sträucher als lebende Kulisse für ein Staudenbeet einzuplanen. Fertigen Sie für solche Beete Pläne für jede Jahreszeit an. Im Frühjahr dominieren Zwiebelblumen, im Sommer Stauden, im Herbst sind es vielleicht Ziergräser.

Lassen Sie sich von der Fülle der Ideen, die Sie und Ihre Mitplaner vielleicht haben, nicht entmutigen. Gehen Sie die Sache langsam an. Nur wer Spaß am Garten hat und sich Zeit lässt, wird die Gestaltung auch zu einem guten Ende bringen. Daher ist es ratsam, lieber jedes Jahr einen Gartenteil („Gartenraum") zu errichten. Zu beachten ist nur, dass alle generellen Arbeiten wie Strom- und Wasserleitungen sowie Hauptwege gleich zu Beginn abgeschlossen worden sind.

Arbeitssparer
Trockenmauer

Ob bei der Terrasse oder als Befestigung für ein Hanggrundstück: Trockenmauern sind Elemente, mit denen auf sehr einfache Art und Weise ein Stück Natur in den Garten geholt werden kann. Steine aufeinander schichten – nur das eigene Gewicht der Steine hält die Mauer. Trotzdem kommt man beim Bau einer solchen Steinmauer ganz schön ins Schwitzen. Im Vergleich zu einer Stahlbetonwand jedoch ist der Aufwand gering.

Fantastisch an einer solchen Trockenmauer: Innerhalb kürzester Zeit wird dieses Stück Natur von Tieren besiedelt. Viele davon sind Nützlinge, die uns zum Beispiel bei der Bekämpfung der Schnecken helfen. Ist eine Trockenmauer erst einmal errichtet, macht sie kaum Mühe. Freilich nur dann, wenn bei der Auswahl auf die Einheit zwischen Boden, Gesteinsart und Pflanzen geachtet wird.

Auf ein gut verdichtetes Schotterfundament werden Natursteine so aufgelegt, dass in den Fugen Platz für ein Sand/Erdgemisch ist. Als Mischung ist ein Verhältnis von zwei Teilen Sand und einem Teil Lehm ideal. Hinterfüllt wird die Mauer mit grobem Schotter oder Ziegelschutt. Diese Dränageschicht ist einerseits für die Stabilität der Mauer wichtig, andererseits bieten die hier entstehenden Hohlräume vielen Tieren Unterschlupf.

Trockenmauern sollten normalerweise nicht höher als 120–150 cm sein. Die Mauer soll mit einer Neigung von 10 bis 20 Prozent zum Hang hin errichtet werden. Damit ist gute Stabilität gegeben. Nur mit sehr großen und schweren Steinen lassen sich höhere Mauern errichten. Dafür benötigt man aber unbedingt schweres Gerät und die Hilfe erfahrener Experten.

Trockenmauern sind wahre Naturoasen und Blumen das sichtbare Zeichen dafür.

Steine

Wählen Sie unterschiedlich große Steine, allerdings von einer Gesteinsart.

Erde

Vermischen Sie normale Gartenerde zur Hälfte mit Sand und Kies.

Pflanzen

Wählen Sie trockenheitsliebende Pflanzen, die je nach Standort der Mauer Sonne oder Halbschatten vorziehen.

Fertig!

Im ersten Jahr wird eine Trockenmauer noch nicht ihre volle Pracht zeigen – Sie sollten zwei, drei Jahre Geduld haben.

Die Fugen, die immer versetzt angelegt werden, sind einerseits mit dem Sand-Erd-Gemisch zu füllen, andererseits sofort zu bepflanzen. Besorgen Sie sich deshalb für die Trockenmauer gleich beim Errichten die passenden Pflanzen (siehe Tipp) und fügen Sie die Wurzelballen in das Bauwerk ein. Damit sind die Pflanzen gut verankert. Keinesfalls überschwänglich blühende Standardpolsterstauden verwenden – sie würden den natürlichen Charakter stören, intensive Pflege benötigen (z.B. häufiges Gießen) und damit gerade das Gegenteil eines bequemen Gartens bewirken.

Trockenmauer ohne Hang

Das Biotop Trockenmauer bleibt nicht nur dem Gartenbesitzer vorbehalten, der ein Hanggrundstück oder eine höher gelegene Terrasse besitzt. Steinmauern lassen sich auch im flachen Gelände anlegen, zum Beispiel als Trennung zwischen zwei Gartenbereichen. Diese Mauern sollten mindestens 80–100 cm breit sein. An den beiden Außenseiten werden die Steine aufgeschichtet wie bei einer Trockenmauer üblich. Aufgefüllt wird dieses Hochbeet der besonderen Art mit lockerem, durchlässigem Material.

Die Bewohner der Trockenmauer

Es ist erstaunlich, wie rasch die Natur eine Trockenmauer in Besitz nimmt. Je nach Lage (Sonne oder Schatten) und verwendetem Material (Kalk, Granit, Sandstein oder auch Holzteile) werden sich nach und nach Kröten, Molche, Spitzmäuse, Igel, Laufkäfer,

Hummeln und Wildbienen einnisten. Sie sind die Helfer in einem Garten für intelligente Faule und sorgen dafür, dass Schädlinge nicht überhand nehmen.

PFLANZEN FÜR DIE TROCKENMAUER

• • •

Niedrige Arten (ca. 5–10 cm):
Fetthenne, Gänsekresse, Gelber Lerchensporn, Glockenblumen, Hauswurz, Heidenelke, Hungerblümchen, Moossteinbrech, Scharfer Mauerpfeffer, Silberdistel, Thymianarten, Zimbelkraut

• • •

Höhere Arten (ca. 20–40 cm):
Dost, Ehrenpreis, Küchenschelle, Natternkopf, Skabiosen-Flockenblume

Arbeitssparer
Hecke & Co

Wild und blütenreich: eine heimische Wildsträucherhecke mit Narzissen zu Füßen und einem Rasen, der sich im Frühjahr mit Wiesenschaumkraut schmückt.

Eine ganz „wilde" Hecke ...

Schön und nützlich zugleich – das ist das Motto im Garten für den intelligenten Faulen. Daher sind die geschnittenen Hecken im monotonen Thujen-Grün keine passende Gartenumzäunung. Vor allem in den etwas größeren Gärten ist es „intelligent", Wild- und Blütensträucher frei wachsen zu lassen. Für den Menschen sind die Gehölze ein Sicht- oder Lärmschutz, für die Tiere, in den meisten Fällen sind es Nützlinge, ist die Hecke dagegen als Nahrungs- und Lebensraum wichtig.

Und so ergänzt sich im Garten für den intelligenten Faulen das Nützliche mit dem Schönen: Singvögel nisten in den bedornten Ästen von Sanddorn und Schlehe und sind damit vor einer Attacke durch Katzen geschützt, gleichzeitig gibt es Nahrung in Hülle und Fülle: Früchte von Felsenbirne, Heckenkirsche oder im späteren Sommer vom Holunder. Aber nicht nur die Früchte sind eine Attraktion für die Singvögel. In jedem Garten gibt es zu bestimmten Zeiten einen voll gedeckten Tisch. Beispielsweise die lästigen Blattläuse, von denen manche meinen, sie seien nur durch Chemie zu bekämpfen. Im „intelligenten" Garten erledigen das die nützlichen Helfer aus der Wildsträucherhecke. Ob an Rosen oder Obstbäumen, an Geißblatt oder Fuchsie, überall suchen die gefiederten Freunde nach Nahrung.

Und um bei den Schädlingen zu bleiben: Im Unterholz der Wildsträucherhecke bleibt das Laub liegen, denn dort fühlen sich Laufkäfer so richtig zu Hause. Diese Tierchen wiederum haben Schnecken „zum Fressen gern". Freilich muss in Bezug auf diese schleimigen Gäste offen gesagt werden, dass der Laufkäfer alleine nicht viel ausrichtet. Selbst gemeinsames Vorgehen von Laufkäfer, Igel, Blindschleichen und Kröten kommt einer Schneckenplage nicht bei.

Bäume und Sträucher sind beim Pflanzen meist sehr klein und werden von hohem Gras überwachsen. Mulchen Sie daher zuerst mit einer 5–10 cm dicken Schicht Kompost, darauf legen Sie festen Karton und zum Abschluss noch eine dicke Schicht Rindenmulch. So bleibt der Boden weitgehend unkrautfrei und die Bäume wachsen rasch. Später lassen sich unter den Gehölzen viele frühjahrsblühende Zwiebelblumen, wie Blausternchen, Schneeglöckchen und Narzissen pflanzen.

STRÄUCHER FÜR DIE „WILDE" HECKE

• • •

Deutzie, Eberesche, Felsenbirne, Feuerdorn, Flieder, Forsythie, Goldregen, Hainbuche, Hartriegel, Haselnuss, Heckenkirsche, Holunder, Hundsrose, Kolkwitzie, Pfaffenhütchen, Pfeifen-strauch, Ranunkelstrauch, Rotdorn, Sanddorn, Schlehe, Schneeball, Traubenkirsche, Vogelkirsche, Weigelie, Weißdorn, Wildrosen, Zierkirschen, Zierquitte

April   Mai   Juni

Flieder
Syringa vulgaris

Holunder
Sambucus nigra

Schlehe
Prunus spinosa

Weigelie
Weigelia

Deutzie
Deutzia

Wildsträucherhecken haben gleich mehrere Vorteile. Einerseits müssen sie, wenn ausreichend Platz vorhanden ist, nicht geschnitten werden, andererseits bieten diese Gehölze zahlreichen Nützlingen Quartier und Nahrung. Diese Tiere helfen dem „intelligenten Gärtner" von Jahr zu Jahr stärker bei der Bekämpfung von Schädlingen. Man denke nur an Singvögel, die in den dichten Ästen hervorragende Nistmöglichkeiten finden.

Juli August September

Haselnuss
Corylus avellana

Sanddorn
Hippophae

Schneeball
Viburnum opulus

Wildrose
Rosa canina

Eberesche
Sorbus aucuparia

*Nicht zu vergessen ist natürlich die äußerst dekorative Wirkung einer solchen Wildsträucherhecke:
Die unterschiedlichen Blattfärbungen, die zarten Blüten, der Beerenschmuck im Herbst und die interessante
Struktur der Rinde machen eine solche Gartenbegrenzung zu einem Zierelement für ein ganzes Gartenjahr.
Die Tabelle zeigt einige der schönsten Wild- und Blütensträucher, die – geschickt gepflanzt – immer wieder
für Blütenschmuck sorgen.*

Arbeitssparer
Gartenteich

PFLANZEN FÜR DEN TEICH

...

Ufer und seichtes Wasser:
Fieberklee, Froschlöffel, Gauklerblume, Schilf, Sumpfdotterblume, Sumpfvergissmeinnicht, Wasserhahnenfuß, Wasserknöterich, Wasserschwertlilie, Wollgras

...

Bis 50 cm Wassertiefe und mehr:
Hornblatt, Laichkraut, Rohrkolben, Seekanne, Seerose, Tannenwedel, Wasserpest (Vorsicht: wuchert!)

...

Schwimmpflanzen:
Froschbiss, Teichlinse (Vorsicht: wuchert!), Wassernuss, Wasserschlauch

Eingebettet in die Natur bieten Schwimmteiche bequeme Erfrischung ohne Chemie und großen technischen Aufwand.

Ein Gartenteich, oder, wie er dieser Tage häufig genannt wird, „Biotop", ist eine Oase im Garten, ein Tummelplatz für viele Tiere und ein Ort, der zum Niedersetzen und Beobachten einlädt. Wer einmal am Ufer seines Teiches gesessen und für Stunden das Tierleben beobachtet hat, wird verstehen, warum die Wasser-Oase im Garten ein solcher „Hit" geworden ist. Libellen, Frösche, Kröten und dutzende Wasserkäfer werden sich schon nach wenigen Wochen einfinden und den Teich beleben – ganz ohne unser Zutun.

In einem natürlich angelegten Garten wird man dem Teich einen Platz im Halbschatten geben. Die pralle Sonne würde das Wasser zu stark erwärmen und zu verstärkter Algenbildung führen.

Aufpassen sollte man aber auf Bäume. Sie müssen in einem gewissen Abstand zum Wasser stehen, damit ihr Laub nicht in den Teich fällt. Dies würde ebenfalls zu Veralgung führen.

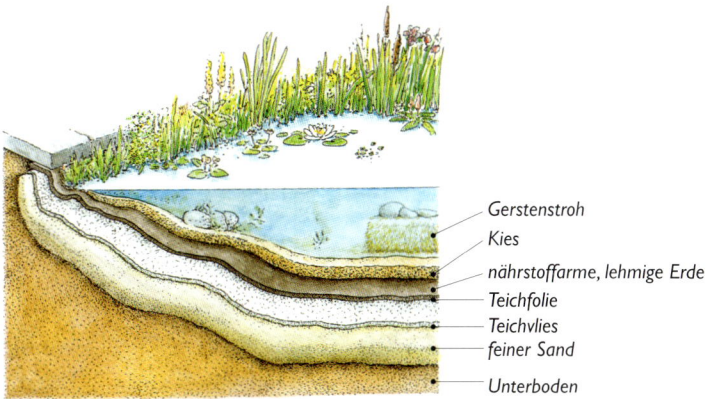

Gerstenstroh
Kies
nährstoffarme, lehmige Erde
Teichfolie
Teichvlies
feiner Sand
Unterboden

7 SCHRITTE ZUM TEICH

1 Rasensoden abtragen und kompostieren. Für das Ausheben des Teiches beauftragen Sie einige „Muskelmänner" oder lassen Sie einen Minibagger kommen. Der Untrainierte verliert sonst rasch die Freude an dieser Schwerarbeit und verringert während des Baus aus Bequemlichkeit die Tiefe. Diese sollte aber unbedingt 80 bis 100 cm erreichen.

2 Achten Sie bei der Ufergestaltung auf „sanfte Formen": keine steilen Ufer, sondern flache Randzonen, in denen besonders viele schöne Teichpflanzen gedeihen.

3 Die Teichfolie sollte erst nach dem Ausheben der Grube bestellt werden. Das Messen geht am einfachsten so. An der breitesten und längsten Stelle wird eine Schnur exakt nach der Bodenform in den späteren Teich gelegt. Die Schnurlänge plus einen Meter Überstand ergibt die Teichfolien-Größe.

4 Der Unterboden muss frei von scharfen Steinen sein. Zur Sicherheit sollte eine Schicht feiner Sand eingefüllt werden, eventuell auch ein Teichvlies. Darauf wird dann die Teichfolie verlegt.

5 Damit der Teich später nicht veralgt, muss schon beim Aufbau darauf geachtet werden, dass wenig und nur nährstoffarme Erde für den Teichboden verwendet wird. Es hat sich bewährt, jene Erde zu verwenden, die sich beim Ausheben der Grube an der tiefsten Stelle befand. Dort sind die wenigsten Nährstoffe enthalten. Die Erde mit grobem Kies oder größeren Steinen abdecken, damit wird ein späteres Aufschwemmen verhindert.

6 Beim ersten Befüllen des Teiches sollte man darauf achten, nicht zu viele Schwebstoffe aufzuwühlen. Am einfachsten geht das, indem man am Teichgrund einen Kübel aufstellt und den Schlauch in diesen münden lässt. Dadurch fließt das Wasser langsam und ohne Druck ein.

7 Algen im Teich sind für viele Gartenbesitzer ein Alarmzeichen. Meist ist Panik jedoch nicht angebracht: Ein Abfischen mit einem Netz ist meist ausreichend, geschieht dies immer wieder, wird sich bald ein natürliches Gleichgewicht einstellen.

FOLIE
Das ideale Abdichtmaterial

Es gibt viele Möglichkeiten, einen Teich abzudichten. Am bequemsten sind allerdings die im Handel erhältlichen Teichfolien. Als Standort wählt man eine natürliche Vertiefung im Garten. Keinesfalls darf ein Becken mit steilen Ufern errichtet werden, im Gegenteil: Das Gelände soll sanft zum Ufer laufen. Das Aushubmaterial gehört also entweder abtransportiert oder kann an einer Seite des Teiches als natürlich wirkender und flach ansteigender „Hügel" aufgeschichtet werden. Die Grundform des Teiches wird mit Pflöcken ausgesteckt und mit Schnüren abgegrenzt. Verzichten Sie auf extreme Grundrisse, die Nierenform bietet sich wohl am ehesten an.

31

Im Uferbereich werden starke Holz- oder Metallpflöcke in den Boden gerammt (mindestens 60 cm tief). Bei großen Teichen sind mehrere Pflöcke pro Seite nötig.

Die Pflöcke werden mit kräftigen Drahtseilen verbunden. Über die Seile wird ein stabiles Drahtgitter (enges Baustahlgitter) gelegt. Der Rand des Gitters muss am Ufer beginnen und die Öffnungen müssen so klein sein, dass Kinder nicht hindurchrutschen können.

Nach einigen Wochen sind weder das Gitter noch die Seilkonstruktion zu sehen - die Pflanzen haben alles überwachsen.

Tipp

SCHUTZ FÜR KINDER

Kleine Kinder spielen gerne am Teich. Weil die Gefahr des Ertrinkens groß ist, wird ein stabiles Gitter eingezogen. Es liegt fünf Zentimeter unter der Wasseroberfläche und ist fest verspannt. Sogar ein Erwachsener kann „über das Wasser" gehen. Die Pflanzen aber wachsen hindurch, ohne Schaden zu nehmen.

Algen im Teich

Nur gut eingewachsene Teiche mit einem ausreichenden Anteil an Wasserpflanzen geben Gewähr, dass es nicht zu explosivem Algenwachstum kommt.

KEINE TIERE IN DEN TEICH!

Der Faulenzergärtner holt bewusst keine Tiere in den Teich. Goldfisch & Co. haben in einem Naturbiotop nichts verloren. Sie verursachen besonders starkes Algenwachstum.

Viele Tiere finden sich meist schon nach einigen Stunden an der neu entstandenen Wasserfläche ein – die Libelle zum Beispiel. Wasserschnecken werden meist mit den Pflanzen eingeschleppt und Freund Frosch wartet nur darauf, eine neue „Eigentumswohnung" beziehen zu können. In Ausnahmefällen können in einem großen Teich die heimischen Fische Bitterling, Moderlieschen oder Stichling eingesetzt werden. Bitterlinge benötigen aber zum Fortpflanzen Süßwassermuscheln. Interessant zu beobachten ist der Stichling: Er baut regelrechte Nester am Boden und fächelt dem Gelege mit der Schwanzflosse ständig Wasser zu.

Wenn Algen in einem Gartenteich auftreten, dann ist das fast immer ein Zeichen von Nährstoff-Überschuss.

In der ersten Phase nach dem Anlegen eines Teiches muss man sich keine allzu großen Sorgen machen – das natürliche Gleichgewicht ist noch nicht hergestellt, das dauert.

Man sollte jedoch immer prüfen, ob alle Grundregeln für das Anlegen eines Teiches beachtet wurden:

- *Der Teich sollte nicht zu seicht sein; an einer Stelle mindestens 80–100 cm tief und trotzdem müssen die Ufer sanft ansteigen.*

- *kein nährstoffreiches Substrat als Teichboden;*

- *genügend Pflanzen (etwa 1/3 Pflanzfläche, 2/3 Wasserfläche);*

- *keine pralle Sonne, sondern mehrere Stunden am Tag Schatten;*

- *kein Nachfüllen mit kalkhaltigem Leitungswasser;*

- *keine Zierfische (Goldfische, Koi, etc.).*

Notmaßnahmen bei Algen

Grundregel Nummer 1: keine Panik! Einige Algenfetzen im Teich sind kein Problem. Aufpassen sollte man jedoch auf Fadenalgen, die am besten immer wieder abgefischt werden. Pumpen und Filteranlage sind normalerweise nicht nötig – sie würden nur das natürliche Gleichgewicht stören.

Als Helfer in der Not haben sich neben einer Vielzahl von mehr oder weniger gut wirkenden Algenmitteln aus dem Handel Torf und Gerstenstroh bewährt.

Leicht angefeuchteter Torf, in einen Stoffsack gestopft und mit schweren Steinen am Teichgrund befestigt, bewirkt ein „Sauerwerden" des Wassers. Besonders in Teichen, die mit Kalkschotter und kalkhaltigem Leitungswasser aufgefüllt wurden, kann dieses Rezept echte Wunder wirken. Allerdings nimmt das Wasser durch die Torfsäuren eine dunkle Färbung an.

Beim Gerstenstroh geht man ähnlich vor: Große Plastik- oder Stoffsäcke werden möglichst dicht mit Stroh gefüllt und ebenfalls mit Steinen beschwert auf den Teichboden gelegt. Das Stroh beginnt zu verrotten und bindet dabei die Nährstoffe im Wasser. Je nach Temperatur wird man das Stroh 6–8 Wochen im Wasser liegen lassen können. Dann kommt es auf den Kompost, denn es ist „vollgesogen" mit Nährstoffen, die dort allmählich zu Humus werden.

Tipp

BACHLAUF UND SPRINGBRUNNEN

Wer denkt, ein Bachlauf sei ein „Algenkiller", irrt: Sauerstoff im Wasser ist zwar wichtig, die Umwälzung und vor allem die Erwärmung des Wassers führen jedoch meist zum gegenteiligen Effekt. Besonders dann, wenn die Pumpe für den Wasserkreislauf das Wasser aus der tiefsten Stelle des Teiches pumpt.

Dort sammeln sich nämlich meist die Nährstoffe, die dann über den Bach wieder in die obersten Schichten gelangen und zu Algenwachstum führen.

Springbrunnen sind – wenn es sich nur um kleinere Wasserbewegungen handelt, kein Problem. Größere Fontänen haben in einem Naturbiotop nichts verloren. Sie würden – wie der Bachlauf – die Ökologie stören und auch das Wachstum von Wasserpflanzen behindern. Seerosen mögen es zum Beispiel ganz und gar nicht, wenn das Wasser ständig in Bewegung ist und auf Blätter und Blüten tropft.

Arbeitssparer
Blumenwiese

Es ist wohl ein Zeichen der Zeit, dass Naturwiesen nun wieder besonders hoch im Kurs stehen. Wie sonst ist es zu erklären, dass im Frühjahr in den tipptopp gepflegten Schrebergärten liebevoll um die Margeriten herumgemäht wird. Diese kleinen Inseln sind meist der Beginn einer Liebe zu einer naturnahen Wiese, die auch in kleinen und kleinsten Gärten ihren Platz findet. Dennoch heißt es aufpassen: Blumenwiesen und Rasen haben ganz unterschiedliche Funktionen. Erstere ist zum Anschauen da, letzterer zum Nutzen. Denn betreten darf man die Blumenwiese ab einem bestimmten Zeitpunkt (wenn Gras und Blumen "knöchelhoch" stehen) nicht mehr. Der Rasen hingegen darf zum Spielen und als Sitzplatz genutzt werden, selbst dann, wenn er zum Blumenrasen wird, wenn also Gänseblümchen und Co. nicht rigoros bekämpft werden.

Die Blumenwiese ist ideal für den intelligenten Faulen: Kein Gießen, nur zwei- bis dreimal im Jahr mähen und dazu noch die Freude über ein besonders buntes Stück Natur. Für das Anlegen einer solchen Wiese gibt es zwei Möglichkeiten. Zuerst jene für den ungeduldigen Gärtner: Der Rasen mitsamt der obersten Humusschicht wird abgetragen und kompos-

Wenn uns Hahnenfuß & Co. zuwinken, ist das schönste Blütenbeet des Naturgärtners bereit zum Bestaunen.

tiert. Die verbleibende Erde wird gefräst, mit scharfem Fluss- oder Quarzsand abgemagert und schon ist die Fläche fertig zum Aussäen. Die zweite Möglichkeit ist, den Rasen durchwachsen zu lassen. Immer seltener Mähen, immer mehr der Natur freien Lauf lassen. In den darauf folgenden Jahren immer wieder ver-

tikutieren, also belüften und danach eine dicke Schicht Quarzsand einstreuen. Nach drei, vier oder gar erst fünf und mehr Jahren wird eine Blumenwiese entstehen.

Humus abheben

Nährstoffreiche Erde lässt das Gras, nicht jedoch die Blüten wachsen. Daher empfiehlt es sich, die obersten 5–10 cm abzutragen und erst dann den Boden umzugraben.

Sand und Blumen

Quarzsand ist das einfachste „Abmagerungsmittel" für den Boden. Wer gleich die Blumensaat (ganz wenig Gräser) mit einstreut, spart Arbeit.

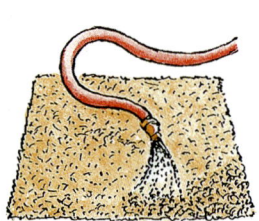

Gießen

Wasser benötigt die Blumenwiese nur in den Geburtsstunden. Nach dem Keimen der Saat lieben viele Wiesenkräuter ein eher karges Dasein.

Fertige Blumenwiese

Zwei- bis dreimal pro Jahr wird gemäht. Wichtig: Schnittgut auf der Wiese abtrocknen lassen, da dann die Samen der einjährigen Blumen ausfallen, anschließend entfernen, um Nährstoffeintrag zu vermeiden.

Wenn aus einem Rasen eine Blumenwiese werden soll, kann man da und dort auch das Blumenwachstum beschleunigen, indem man die Rasenfläche aufreißt und Wiesenblumensamen einstreut oder gleich fertige Pflanzen setzt.

7 SCHRITTE ZUR BLUMENWIESE

1. Den Boden vorbereiten, mit Sand abmagern.

2. Besorgen Sie sich passendes Saatgut in Fachgeschäften – kaufen Sie nicht das Erstbeste, sondern erkundigen Sie sich bei Biologen. Sammeln Sie Saatgut auf Wiesen!

3. Bei der Aussaat darauf achten: Die meisten Wiesenblumen benötigen Licht und Luft zum Keimen. Daher niemals zu dicht säen und vorsichtshalber das Saatgut mit viel Sand mischen.

4. Nach der Aussaat den Boden gleichmäßig feucht halten, damit die kleinen Pflänzchen nicht vertrocknen.

5. Normalerweise muss eine Wiese zweimal pro Jahr gemäht werden: Ende Juni/Anfang Juli und im September. Dies gilt bei einer Wiese, die auf einem durchschnittlich nahrhaften Boden steht. Ist der Boden aber besonders karg, kann auch ein einziger Schnitt im Herbst genügen.

6. Große Flächen lassen sich zweifellos für Ungeübte am leichtesten mit so genannten Balkenmähern mähen. Umweltfreundlicher ist dagegen die Sense: Hier freilich heißt es „Übung macht den Meister".

7. Entfernen Sie den gesamten Grasschnitt – nur eine magere Wiese wird üppig blühen.

Gekonnte Unordnung: Totholzhaufen

Was tun manche Hobbygärtner nicht alles mit ihrem Schnittgut: Da wird tagelang zerkleinert, gehackt und alles, was auch nur irgendwie in den Häcksler passt, wird gnadenlos bearbeitet.

In manchen Fällen ist es wohl sinnvoll, Holzhäcksel als Mulchmaterial zu erzeugen. In vielen Fällen aber ist es nutzlose Schwerarbeit.

Mit der Natur und nicht gegen die Natur lautet die Devise für den intelligenten Faulen. Deshalb lässt er „die anderen" arbeiten.

Alles bis zur Stärke eines „Männer"-Daumens kommt auf den Kompost (siehe Seite 67), die stärkeren Äste werden entweder zu Brennholz oder, wenn nicht allzu viel Material anfällt, auf einen Totholzhaufen geschichtet.

Klingt irgendwie gefährlich, oder?

Ist es aber gar nicht: Irgendwo im Garten – an einer Stelle, die nicht allzu eingesehen ist, werden all die Holzteile aufeinander geschichtet, die auf natürliche Weise zerkleinert werden sollen: Wurzelstöcke, Äste und als „Würze" noch Laub und Reisig.

In diesen Haufen, die gar nicht groß sein müssen, stellt sich Natur pur ein: Der Igel wird bald dieses neue Haus beziehen, Laufkäfer werden beginnen, das Holz zu zernagen. Blindschleichen und viele andere Reptilien werden Unterschlupf finden und dem Gärtner in Zukunft viel Arbeit abnehmen. Alle diese neuen Bewohner gehören nämlich zur Gruppe der „Nützlinge", der Helfer im Garten, die dafür sorgen, dass „Lästlinge" wie Schnecken gar nicht erst überhand nehmen.

Steinreich – und glücklich

„Steine bis zur Größe einer Männerfaust sind Dünger!"

Nein, das ist nicht meine Weisheit, sie wird vielmehr Indianern zugeschrieben. Für sie hatte die Erde eine ganz besondere Bedeutung und vieles, was heute im biologischen Gartenbau im Rahmen des Bodenschutzes getan wird, könnte aus dem Wissensschatz der Indianer stammen. Wie ist das also mit den Steinen?

Generell sollte man hier keine unnötige Mühe an den Tag legen: Erde nicht durchsieben, um die „lästigen" Steine wegzubekommen. Versuchen Sie es doch einmal so: Alle größeren

Steine – und da gilt auch schon eine zarte Frauenhand als Maßstab – werden entfernt und auf einem Steinhaufen am Rand des Gartens aufgeschichtet. Er hat eine ähnliche Funktion wie die Trockenmauer – ist also Unterschlupf für viele Nützlinge. Der Rest der Steine bleibt im Boden, denn in humusreichem Erdreich sind diese Mineralstofflieferanten kein Problem.

... und auch das noch: Brennnesseln!

Für viele Gärtner der alten Schule ist die Brennnessel das Symbol für Unkraut.

Gärtner von heute wissen aber: Brennnesseln sind äußerst wichtige Pflanzen in einem naturnahen Garten. Einerseits zeigen sie uns, dass der Boden in Ordnung ist – Brennnesseln wachsen nur, wo es viel Humus gibt. Andererseits liefern die Blätter Nahrung für Schmetterlingsraupen, können zum Mulchen verwendet werden und schließlich ist die Brennnessel in Form einer Jauche Lebenselixier für viele Pflanzen.

Daher dürfen diese einst ungeliebten Pflanzen im Garten für den intelligenten Faulen getrost ein Stück Fläche einnehmen.

Singvögel –
bitte verwöhnen!

Wenn das Frühjahr ins Land zieht, dann sind sie die lautstarken Boten des neuen Gartenjahres: unsere Singvögel.

Doch nicht nur der Gesang ist es, der uns beglückt.

Singvögel sind eifrige Schädlingsvertilger. Ob die ersten Blattläuse an den Obstbäumen oder die Raupeninvasion an den Rosen – die gefiederten Freunde halten die Tierchen in Schach.

Daher helfen wir intelligenten Gärtner gerne:

- Nistkästen – so montiert, dass Katzen sie nicht erreichen.

- Vogeltränken – so aufgestellt, dass rundherum möglichst viel Freiraum herrscht, damit auch hier Katzen nicht aus einem Versteck heraus die badenden Vögel fangen können.

- Futterhäuschen im Winter – ausschließlich mit Körnerfutter. Also keine Küchenabfälle wie Nudeln, Kartoffeln, Brot oder Reis, die noch dazu gesalzen sind und den sicheren Tod der Vögel bedeuten würden.

EIN HOTEL FÜR INSEKTEN

Marienkäfer als Blattlaustiger, Schwebfliegen mit großem Appetit auf Schädlinge und dazu noch Florfliegen, die auch die Läuse zum Fressen gerne haben.

Wie bringe ich diese Tierchen nur in den Garten?

Intelligente Faule machen es sich leicht – sie errichten ein Hotel! Keine Baugenehmigung, kein Antrag beim Gemeindeamt, nur ein Stück Hartholz (Buche, Eiche, Robinie) ist nötig, in das mehrere Löcher im Durchmesser von ein bis zehn Millimeter gebohrt werden. Die Löcher sollten mindestens fünf und höchstens zehn Zentimeter tief sein.

An einer Hauswand (beispielsweise bei einem Holzschuppen) werden sich innerhalb weniger Tage die ersten Helfer im Garten einfinden und die Löcher besiedeln. Für andere Nützlinge ist eine alte, gut ausgewaschene und trockene Konservenbüchse in die (echte) Strohhalme gefüllt werden, ein Quartier.

Und die Florfliegen wiederum wollen am liebsten einen Unterschlupf zum Überwintern: in Treppenhäusern und auf Dachböden. Also keine Panik, die zarten, manchmal als „Motten" bezeichneten Tierchen sind extrem nützlich und haben Blattläuse zum Fressen gern.

Pflanzen für
jede Gelegenheit

Was wächst wo?

DIE RICHTIGE PFLANZE AM RICHTIGEN STANDORT

Intelligente Faule können daher zwei Wege gehen: ausschließlich Pflanzen auswählen, die zum Standort passen oder den Boden großzügig austauschen, um dann wenigstens für ein, zwei Jahrzehnte keine Probleme mehr zu haben. Einfacher ist freilich Variante eins, denn es gibt keinen Standort, für den es nicht auch die passende Pflanze gäbe. Die wichtigste Regel für alle bequemen Gärtner lautet daher, jene Pflanzen auszuwählen, die exakt mit den Boden- und Lichtansprüchen zurechtkommen.

Oder: Pflanzen lassen sich nicht pflanzen. Passen Boden oder Lichtverhältnisse nicht, dann nützen weder Chemie noch Gift. Diese Gewächse sind dem Tod geweiht. Ein Beispiel: Die seit einigen Jahren so beliebten Rhododendren sind so genannte Moorbeetpflanzen, d.h. sie mögen „saure", also kalkfreie Böden. Werden nun Rhododendren oder auch Azaleen und viele andere Moorbeetgewächse in einen kalkigen Boden gepflanzt, wird der glückliche Gärtner bald unglücklich. Im ersten Jahr nach dem Pflanzen blüht der Rhododendron noch prächtig, im zweiten Jahr ein wenig, im dritten Jahr nicht mehr und im vierten ist er kaputt. Die Ursache: der falsche Standort.

Moorbeetgewächse benötigen saure Böden, die entweder durch Lauberdekompost, Torf oder mithilfe fertiger Rhododendron-Erde geschaffen werden können. Allerdings nicht bloß in einem kleinen Pflanzloch, sondern in einem relativ großzügigen Beet: Pro Pflanze sollte ein Loch mit einem Durchmesser von zumindest einem Meter und einer Tiefe von 50 bis 70 Zentimetern ausschließlich mit diesem Substrat gefüllt werden. Eine Mischung aus der (kalkhaltigen) Muttererde mit reinem Torf im Verhältnis von 1:1 – eine gängige Empfehlung – hält nur für einige Jahre vor. Dann beginnt die Pflanze wieder zu kümmern.

Die Check-Liste für die Pflanzenauswahl

Bevor Sie an die Planung oder gar den Pflanzenkauf gehen, sollten Sie an mehreren Stellen des Gartens die Boden- und Lichtverhältnisse prüfen. Als Helfer erweisen sich dabei so genannte Zeigerpflanzen, die meist als lästige Unkräuter bezeichnet werden. Die festgestellten Kriterien sind dann für die Experten in den Baumschulen und Gärtnereien sowie für die Hinweise in Katalogen und Büchern von großer Bedeutung. Zunächst scheint das mühsam zu sein, später aber lohnt sich dieser momentane Mehraufwand, denn Pflanzen, die sich wohl fühlen, benötigen kaum noch Pflege.

CHECK-LISTE
ZEIGERPFLANZEN

• • •

HUMUSREICHER GARTENBODEN

Große und Kleine Brennnessel *(Urtica dioica u. U. urens)*

Hirtentäschel *(Capsella bursa-pastoris)*

Vogelmiere *(Stellaria media)*

• • •

LEHMIGER BODEN

Ackerhahnenfuß *(Ranunculus arvensis)*

Huflattich *(Tussilago farfara)*

Kettenlabkraut *(Galium aparine)*

• • •

TONIGER (SCHWERER, NASSER) BODEN

Breitwegerich *(Plantago major)*

Kriechender Hahnenfuß *(Ranunculus repens)*

Löwenzahn *(Taraxacum officinale)*

• • •

SANDIGER (TROCKENER) BODEN

Hungerblümchen *(Erophila verna)*

Mohn *(Papaver argemone)*

• • •

KALKARMER BODEN

Adlerfarn *(Pteridium aquilinum)*

Hundskamille *(Anthemis arvensis)*

Wildes Stiefmütterchen *(Viola tricolor)*

• • •

KALKREICHER BODEN

Wegwarte *(Cichorium intybus)*

Wiesensalbei *(Salvia pratensis)*

Alcea rosea — die Stockrose: Selbst im kargen Boden einer Pflasterritze gedeiht diese wunderschöne Blütenstaude. Standorte, die sich Pflanzen selbst gewählt haben, sind immer die besten.

43

So wird gepflanzt

Der Zeitpunkt

Ideal für die Neuanlage eines Gartens sind Herbst und/oder Frühjahr, aber Dank der großen Palette an Pflanzen im Topf (Container) sind Pflanzungen auch mitten im Sommer möglich, wenngleich dies nicht die beste Jahreszeit ist.

Der große Vorteil bei einer **Herbstbepflanzung** ist der Wachstumsvorsprung im kommenden Jahr: Bäume, Sträucher und viele Stauden bilden nämlich sofort nach der Pflanzung erste Wurzeln, die dann im Frühjahr kräftiges Wachstum bringen.

Bei einer **Frühjahrsbepflanzung** kann man ab der Schneeschmelze und dem Abtrocknen des Bodens setzen. Großer Vorteil dabei: Empfindlichere Pflanzen sind nicht sofort der winterlichen Kälte ausgesetzt und können sich langsam akklimatisieren.

Bei der **Sommerbepflanzung** steht meist das persönliche Interesse des Gärtners im Vordergrund: Urlaubszeit, Fertigstellung des Gartens oder einfach die warme Witterung machen Lust aufs Garteln. Doch auch wenn der Sommer dem Gärtner mehr Freude und Spaß bei der Arbeit bringen mag, sollte man abwägen: Ein im Sommer angelegter Garten benötigt zum Start viel Pflege. Gießen statt Faulenzen wird bald die Devise sein …

Der Plan

Ehe man loslegt, ist es am geschicktesten, mit einer kleinen Skizze einen Pflanzplan zu erstellen. Beachten Sie dabei Wuchshöhe und Blühzeitpunkt. Nur so behindern die Pflanzen einander nicht und ihr Blütenreichtum hält über viele Wochen an.

Die Vorbereitung

Wichtigste Arbeit vorweg ist die Bodenvorbereitung. Machen Sie es nicht an dem Tag, an dem Sie pflanzen wollen – Erdarbeiten sind immer „Schwerarbeit". Meist wird man nachlässig und lockert den Boden nur oberflächlich, um schnell anpflanzen zu können. Daher den Boden eine Woche davor tiefgründig (40 cm tief) lockern. Kompost, Fertighumus und biologische Dauerdünger – z. B. Hornspäne – einarbeiten. Wenn Sie einen Garten alleine anlegen, dann gehen Sie etappenweise vor. Nur so lassen sich Überblick und Freude am Gärtnern bewahren.

Das Pflanzen

Alle vorgesehenen Pflanzen werden an die Stellen gestellt, wo sie später gesetzt werden. Bei breiten Beeten ist es sinnvoll, das Beet Schritt für Schritt zu bepflanzen. Den Abschluss bildet das Mulchen mit Rindenkompost und/oder Rasenschnitt und das kräftige Angießen oder, wie es die Profis sagen: das Einschlämmen – selbst an Regentagen oder im Herbst! Denn nicht ums Wasser alleine geht es, sondern um die Tatsache, dass die Wurzeln rundum von Erdreich umspült werden und so rasch die feinen Faserwurzeln zur Feuchtigkeits- und Nährstoffversorgung der Pflanze gebildet werden können.

Ein blühendes Paradies –
der Blumengarten

Wer träumt nicht von einem Garten mit tausenden Blüten? Inmitten der bunten Pracht liegen und mit der Seele baumeln! Doch wie entsteht ein bunter Blumengarten? Wie für alle Bereiche gilt: Planung ist alles.

Abhängig von Größe und Lage kann so im Nu ein blühendes Paradies geschaffen werden. Innerhalb von wenigen Tagen lässt sich ein Garten anlegen, der ein ganzes Gartenjahr lang blüht.

BÄUME UND STRÄUCHER

Es gibt Bäume und Sträucher, die im Blumengarten nicht fehlen dürfen: Zierkirschen, Osterstrauch und Flieder gehören einfach dazu, wenn es gilt, den passenden Rahmen für die Blumen zu finden. Dabei heißt es aber aufpassen: nur jene Sorten wählen, die nicht zu groß werden und die Blumen verdrängen.

Kleine Gehölze für den Blumengarten

- **Flieder** (*Syringa* Hybriden) 'Ludwig Späth' – dunkelpurpur – ideal als Stämmchen, damit Platz zum Unterpflanzen ist. 'Madame Lemoine' – weiß, spätblühend. Auch hier haben sich die Stämmchen bewährt.

- **Goldglöckchen, Osterstrauch** (*Forsythia x intermedia*) 'Maree d'Or' – wird nur einen halben Meter hoch und rund einen Meter breit – ideal für Steingärten und am Rand von Blumenbeeten. 'Weekend' – größer, besonders buschig, nicht so hoch, blüht am besten; die Triebe sind direkt mit Blüten besetzt.

- **Japanische Kirsche** (*Prunus incisa*) 'February Pink' – blüht von Mitte März bis Mitte April.

- **Mandelbäumchen** (*Prunus triloba*) – ein Muss in jedem Blumengarten. Die rosaroten Blüten im März sind der Auftakt für den Blütenreigen.

- **Sommerflieder** (Schmetterlingsstrauch) (*Buddleja davidii*) 'Pink Delight' – rosafarbig, kompakt und besonders große Blüten. 'White Ball' – weiß, besonders klein und kompakt. 'Border Beauty' – dunkelpurpur, kräftig und reich blühend.

Staudenbeete: bunt und bequem

Es gibt tausende Stauden in allen Farben und Größen. Angeboten werden Stauden häufig in kleinen Kunststofftöpfen. Diese Container-Pflanzen können das ganze Jahr über gepflanzt werden. Die beste Zeit zum Anlegen eines Staudenbeetes ist aber ohne Zweifel das Frühjahr.

Wuchshöhe und Blühzeitpunkt für schöne Stauden

April　　　　Mai　　　　Juni

hoch

WACHSTUM

niedrig

Gämswurz
Doronicum

Lupine
Lupinus

Taglilie
Hemerocallis

Madonnenlilie
Lilium candidum

**Gelbe
Narzisse**
Narcissus

**Tränendes
Herz**
Dicentra

Glockenblume
Campanula

Primel
Primula vulgaris

Blaukissen
Aubrieta

Narzisse
Poeticus

Nelkenwurz
Geum

Stauden gehören zu den interessantesten Gartenpflanzen. Es überwintert bei ihnen nur der Wurzelstock, alle oberirdischen Teile frieren ab. Die Wuchskraft dieser Pflanzen ist aber enorm. Über viele Jahre oder gar Jahrzehnte treiben sie immer wieder neu aus. Wer ein Staudenbeet anlegt, sollte auf Wuchshöhe und Blühzeitpunkt achten.

Juli August September

hoch

WACHSTUM

niedrig

Wuchshöhe und Blühzeitpunkt für schöne Stauden

Rittersporn
Delphinium

Stockrose
Alcea

Gladiole
Gladiolus

Anemone
Anemone

Astern
Aster

Schafgarbe
Achilléa

Margerite
Leucanthemum

Sonnenbraut
Helenium

Dahlie
Dahlia

Schleierkraut
Gypsophila

Die Tabelle zeigt die schönsten und robustesten Stauden, eingeteilt nach diesen Kriterien. Wenn Sie ein Staudenbeet neu anlegen, dann ist es wichtig, den Boden gut vorzubereiten, mit Kompost und Langzeitdünger zu versorgen und von jeder Pflanze zumindest drei Stück in einer Gruppe zu setzen. Das schafft schon im ersten Jahr eine großartige Wirkung.

Wildblumenzwiebeln (siehe „Checkliste") auf dem Rasen ausstreuen, sodass ein unregelmäßiges Muster entsteht.

Rasen mit dem Spaten aufstechen, aufklappen und die Zwiebeln dort pflanzen, wo sie nach dem Ausstreuen gelandet sind.

Im Frühjahr entsteht ein buntes Blumenbeet im Rasen, das freilich erst gemäht werden darf, wenn die Blätter (nicht die Blüten!) gelb geworden sind.

Krokusse sind ein Zeichen, dass das Gartenjahr wieder „durchstartet".

Die schönsten Zwiebelblumen

Die Palette an Zwiebelblumen ist besonders groß. Vor allem Anfänger haben damit große Freude, weil kaum etwas falsch gemacht werden kann. Beachten Sie beim Kauf dennoch:

- Wuchshöhe
- Blühzeitpunkt
- Blütenfarbe

Eine Check-Liste, damit Sie nichts vergessen:

Für das Frühjahr:
Schneeglöckchen*, Krokus*, Narzissen*, Tulpen (Wildformen*), Blausternchen*, Traubenhyazinthen*, Hyazinthen, Hasenglöckchen*, Kaiserkronen
(Zwiebeln mit einem * eignen sich besonders gut zum Verwildern, d.h. in einer Wiese, unter Bäumen oder Sträuchern gepflanzt, vermehren sie sich.)

Pflanzzeit ist von September bis Ende Oktober/Anfang November. Die Zwiebeln bilden nämlich noch im Herbst ein dichtes Wurzelgeflecht. Ist der Boden schon bald nach dem Pflanzen gefroren, können die Zwiebeln keine Wurzeln mehr treiben und haben meist eine deutlich kleinere

Blüte. Der Boden für Zwiebelgewächse sollte humusreich und gut wasserdurchlässig sein. Als Vorsorge vor Kahlfrösten (strenger Frost ohne Schneedecke) wird die Pflanzstelle mit Kompost abgedeckt.
Nach der Blüte im Frühjahr bleiben die Zwiebeln in der Erde, die Blätter dürfen erst nach dem Gelbwerden abgeschnitten werden, weil die Zwiebel aus ihnen Kraft für die nächste Blüte tankt.

Für den Sommer:
Gladiolen, Dahlien, Begonien, Blumenrohr

Sie werden nach den Eisheiligen gepflanzt, denn sie sind nicht frostfest. Im Gegensatz zu den Frühlingsblühern benötigen sie die ganze Saison über viele Nährstoffe. Schon beim Pflanzen sollte man Kompost

und Langzeitdünger beimischen.
Im Herbst werden die Knollen aus
der Erde geholt, abgetrocknet und in
einem kühlen Kellerraum überwintert.

Für den Herbst:
Herbstzeitlosen, herbstblühende
Krokusse

Tipp

Schneeglöckchen, Krokus,
Blausternchen, Narzissen und
viele andere Zwiebelgewächse
sind ideal zum Verwildern und
sollten in eine Wiese gepflanzt
werden. Möglichst „naturnah",
daher geben Sie die Zwiebeln
in einen Korb und werfen sie
diese mit Schwung auf die vor-
gesehene Pflanzstelle. Dort,
wo eine Zwiebel hinfällt, wird
sie gesetzt.

Am einfachsten geht dies im
Rasen so: Eine Rasensode wird
ausgestochen, die Erde da-
runter gut gelockert, mit Kom-
post versorgt und die Zwiebel
hineingesteckt. Dann kommt
der Rasen wieder darauf und
wird festgetreten.

Die hübschesten
Sommerblumen

Ein „roter Teppich" für die Gartenliebhaber:
Kapuzinerkresse (nicht rankend) begleitet diesen
Weg und sorgt wochenlang für Blütenzauber.

Sommerblumen sind fantastisch:
Im Mai werden sie gepflanzt, wenige
Wochen später blühen sie in voller
Üppigkeit. Ganz faul darf man freilich
nicht sein. Das Vorbereiten des Bee-
tes, die Aussaat oder das Anpflanzen
und natürlich das Gießen bedeuten
viel Mühe. Trotzdem werden viele,
die sich zwar eigentlich zu den Bequemen zählen, auf dieses Feuerwerk
an Blüten nicht verzichten wollen.

Achten Sie beim Anlegen eines Som-
merblumenbeetes auf die unterschiedlichen Wuchshöhen der Pflanzen. Nur
bei einer guten Planung kommen alle
Pflanzen wirklich zur Geltung. In der
Tabelle „Die hübschesten Sommerblumen" finden Sie eine Übersicht über
die interessantesten Sommerblüher.

Jungfer im Grünen *(Nigella damascena)* – eine Sommerblume für Faule, denn ein Vorziehen ist nicht nötig: Samen ausstreuen und die bizarren Blüten und Samenstände werden alle begeistern. Schnecken lassen die Jungfer im Grünen links liegen.

Löwenmaul *(Antirrhinum majus)* – passt gut in den Gemüsegarten als Beetabschluss, ist sehr robust und „schneckenfest".

Ringelblume *(Calendula officinalis)* – die Faulenzerpflanze schlechthin. Einmal Ringelblumen – immer Ringelblumen. Die Pflanze sät sich selbst aus. Manchmal mag sie fast zu üppig werden, doch öffnet sie erst ihre orangegelben Blüten, ist sie doch meist willkommen. Von Schnecken werden meist nur vorgezogene Pflanzen befallen.

Schmuckkörbchen *(Cosmos bipinnatus)* – eine ganz herrliche Sommerblume, die bloß ausgesät werden muss und viele Wochen für Blütenfülle sorgt. Ab und zu sollte Abgeblühtes entfernt werden, um eine neue Blütenbildung zu fördern. Schnecken sind kein großes Problem.

Sommerazalee *(Godetia spec.)* – ein guter Lückenbüßer und sehr einfach zu ziehen. Am besten setzt man Pflänzchen.

Sonnenblume *(Helianthus spec.)* – die Lieblingspflanze vieler Naturgärtner. Bei nährstoffreicher Erde kaum zu bremsen. Aufpassen heißt es auf die Schnecken – sie haben Sonnenblumen zum Fressen gern … Verblühte Blüten im Spätsommer nicht abschneiden: Nahrung für die Vögel!

Strohblume *(Helichrysum spec.)* – eignet sich, wie der Name sagt, zum Trocknen. Die Pflanzen sind nicht die große Attraktion, versuchen sollte man sie trotzdem.

Wilde Malve *(Malva sylvestris)* – in naturnahen Gärten ein Muss. Da manche Sorten sich selbst aussäen, können sie zum Problem werden. Aber wer die Pflänzchen gezielt entfernt, hat treue Begleiter über viele Jahre.

Zinnie *(Zinnia spec.)* – eine alte Bauerngartenpflanze, die als Schnittblume im Sommer beliebt ist. Leider nicht nur bei uns, sondern auch bei den Schnecken. Also Vorsicht!

ZWEIJÄHRIGE SOMMERBLUMEN

Manche Sommerblumen benötigen eine Vorkultur – bei ihnen ist es sinnvoll, fertige Jungpflanzen beim Gärtner zu kaufen. Auf einige kann man nicht verzichten:

Bartnelke *(Dianthus barbatus)* – Duft pur und eine Pflanze, die dank Selbstaussaat alle Jahre wieder kommt; kein Schneckenproblem!

Fingerhut *(Digitalis spec.)* – auch hier kann der Naturgärtner kaum vorüber gehen. An einer halbschattigen Stelle wird sich der Fingerhut selbst aussäen und zum Stammgast werden. Kaum Schneckenprobleme!

Goldlack *(Erysimum cheiri)* – wunderschön und duftend, aber leider empfindlich. Starke Fröste vernichten die Pflanzen und die Schnecken widerstehen dem Leckerbissen auch nicht.

Königskerze *(Verbascum spec.)* – an trockenen, sandigen Stellen sorgen Königskerzen für mächtige Farbkleckse. Auch hier hat der faule Gärtner einen treuen Begleiter – die Pflanze sät sich immer wieder selbst aus. Schnecken sind kein Problem.

Stiefmütterchen *(Viola spec.)* – eine traditionellere Gartenpflanze, die in Kombination mit Tulpen und Narzissen in ein Frühlingsbeet gehört; manchmal Probleme mit Schnecken.

Vergissmeinnicht *(Myosotis spec.)* – ein besonders robuster Begleiter im Naturgarten. Keine Probleme mit Schädlingen und wie Stiefmütterchen fast ein Muss im Frühlingsgarten in Kombination mit Tulpen und Narzissen.

Der Rosengarten

Beim Rosenschneiden scheiden sich die Geister: Die einen sagen, Rosen sind kleine Sträucher und sollten es auch bleiben, die anderen sehen sich durch neueste wissenschaftliche Untersuchungen bestätigt, die besagen: Je radikaler der Rückschnitt, desto gesünder die Pflanzen – sie „wachsen sich gesund". Egal, welche Variante Sie wählen, eines gilt immer: Das oberste Auge muss außen liegen, im Inneren des Rosenbusches sollte darauf geachtet werden, dass Licht und Luft hineinkönnen. Das hilft, Krankheiten zu vermeiden.

Betörender Duft – berauschende Farben: der Rosengarten

Rosen zählen weltweit zu den beliebtesten Kulturpflanzen. Seit Jahrhunderten werden sie in unzähligen Sorten gezüchtet.

Ob als stolze Edelrose, als vielblütige Polyantharose, als Zwergrose oder als Kletter- und Strauchrose. Rosen gibt es für alle Gelegenheiten. Und selbst heutzutage kommen immer neue Sorten heraus. Der Trend geht derzeit wieder zu den Alten Rosen mit ihren großen Blüten und dem schweren Duft.

Rosen benötigen einen sonnigen Standort in luftiger Umgebung. Der Boden sollte tiefgründig sein, bei einem schweren Boden sollte etwas Sand beigefügt werden. Kompostierter Rindermist als Humuslieferant gehört ebenfalls ins Pflanzloch und auch Hornspäne als Startdünger für die ersten Monate sollen nicht fehlen. Die beste Pflanzzeit ist der Herbst, aber auch das ganze Jahr über, außer während starker Frostperioden, können Rosen dank der Kultur in Töpfen gesetzt werden.

Herbst/Winter

Rosen gehen ungeschnitten in den Winter. Nur wirklich störende Triebe werden eingekürzt.

März/April

Jetzt beginnt der tatsächliche Rosenschnitt – je später, desto besser. Wächst eine Rose schwach, wird sie stark geschnitten, wächst sie stark, schneidet man zurückhaltend.

Juni/Juli

Nun kommen die Rosenliebhaber auf ihre Rechnung. Wer rechtzeitig Verblühtes entfernt, wird bei vielen Rosen eine Nachblüte erleben. Wildrosen bleiben ungeschnitten.

IDEAL FÜR FAULE: WILDROSEN

Apfelrose (Rosa villosa) oder Hundsrose (Rosa canina) sind nur zwei der Wildrosen, die keinerlei Pflege benötigen. In Randbereichen des Gartens sorgen sie alljährlich für ein Blütenfeuerwerk. Die Apfelrose verströmt dazu noch einen betörenden Duft, die Hagebutten enthalten ungewöhnlich viel Vitamin C!

Tipp

DER DUFTENDE BEGLEITER: LAVENDEL

Lavendel (Lavandula angustifolia) ist mit Sicherheit der schönste Begleiter für Rosen. Einerseits, weil der Geruch des Lavendels die Blattläuse vergrämt, andererseits bilden das silbrige Laub und die dunkelblaue Blüte eine ideale Partnerschaft mit den Rosen. Beachten Sie aber: Lavendel darf nie zu nahe an die Rosenstöcke heran gepflanzt und muss jedes Jahr kräftig zurückgeschnitten werden, am besten sofort nach der Blüte. Nur kompakte Stöcke sind ideale Partner, sind sie zu groß, ersticken sie die Rosen.

PFLEGELEICHTE ROSEN

• • •

ALTE ROSEN

'Donau'	– Ramblerrose, fliederfarben, stark wachsend, Maiblumen-ähnlicher Duft
'Mme. Alfred Carrier'	– Kletterrose, weiß, stark duftend
'Mme. Pierre Oger'	– Beetrose, rosa, starker Duft

• • •

BEETROSEN

'Bonica'	– rosa
'Montana'	– rot

• • •

EDELROSEN

'Burgund 81'	– knallrot
'Cherry Brandy'	– orange
'Gloria Dei'	– hellgelb
'Kardinal König'	– rot
'Pascali'	– weiß
'Queen Elisabeth'	– rosa

'Ghislaine de Féligonde' – unaussprechlich schön!

• • •

ENGLISCHE ROSEN

'Abraham Darby'	– Strauchrose, gelb/rosa
'Charles Austin'	– Strauchrose, aprikose mit gelb
'Molineux'	– Beetrose, sattgelb

• • •

KLETTERROSEN

'Ghislaine de Féligonde'	– zuerst lachsrosa, dann gelb und im Verblühen blass hellgelb
'New Dawn'	– rosa
'Super Excelsa'	– karminrosa

• • •

STRAUCHROSEN

'Dirigent'	– blutrot
'Ferdy'	– Kleinstrauchrose (bis 80 cm), idealer Bodendecker
'Westerland'	– hellgelb mit orange

7 SCHRITTE ZU SCHÖNEN ROSEN

1 Der Standort sollte warm, aber nicht heiß, luftig, aber nicht zugig sein. Rosen mögen tiefgründigen Boden ohne Staunässe. Erde mit Kompost verbessern. Niemals Rosen setzen, wo bereits Rosen standen.

2 Beim Pflanzen Wurzeln schneiden, Triebe zurücknehmen. Die Veredelung sollte zwei Fingerbreit in den Boden. Sowohl bei der Herbst- als auch bei der Frühjahrspflanzung anhäufeln!

3 Zweimal düngen ist genug: Im Pflanzjahr nach der ersten Blüte, in den folgenden Jahren im April und nach der ersten Blüte. Keinesfalls später.

4 Rosen nur beim Anpflanzen und im ersten Jahr bei sehr trockenem Wetter gießen. Später auf Wässern völlig verzichten.

5 Schädlinge – vor allem Blattläuse – nur mit nützlingsschonenden Spritzmitteln bekämpfen. Krankheiten durch richtige Sortenwahl verhindern. Sauberkeit bei Rosenrost und Sternrußtau: Im Herbst möglichst alle Blätter entfernen – nicht auf den Kompost! Vorbeugend mit Schachtelhalmtee spritzen.

6 Beim Schnitt im ersten Jahr nur Verblühtes entfernen. Später Beet- und Edelrosen stark (auf 15 bis 20 cm) zurückschneiden. Bei Strauchrosen etwa 1/3 ausschneiden. Kletterrosen kaum schneiden.

7 Für den Winterschutz die Rosen nur anhäufeln. Reisig ist nicht unbedingt notwendig.
Hochstammrosen am besten umlegen und eingraben.

'Ghislaine de Féligonde' verträgt Schatten, ist robust und überrascht durch ihre wechselnden Blütenfarben.

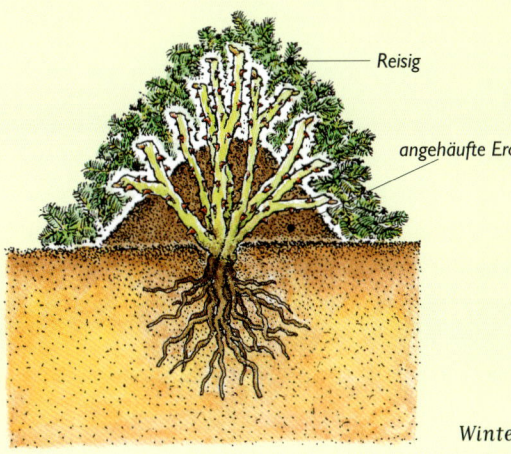

Reisig

angehäufte Erde

Winterschutz für Rosen

Rund um das
Reich des Neptun

Nicht nur im Teich, sondern auch rund um ihn sollte die Bepflanzung stimmen. Nur dann wird ein Biotop zu einem Teil der Natur.

Der Gartenteich ist eine Natur-Oase im Garten. Wie er anzulegen ist, wurde bereits beschrieben. Doch auch das „Drumherum" muss im Garten für intelligente Faule stimmen. Teiche sollen nicht in öden Steinwüsten liegen, sondern – wie in der Natur, in üppiges Grün eingebettet werden. Die passenden Pflanzen dafür findet man in Hülle und Fülle: Gräser oder kleine Gehölze, Blumenzwiebeln oder Moosflächen.

Alle diese Bereiche machen den Teich erst zu dem, was er sein soll: ein Bestandteil des Naturgartens ...

**Pflanzen,
die nicht fehlen dürfen!**

GEHÖLZE

Bäume und Sträucher sind die Kulisse des Gartens. Abhängig von der Größe ist auch die Auswahl an Bäumen zu treffen.

Manche – wie Weiden – lassen sich durch Schnitt allerdings klein halten. Deshalb gehören diese typischen Kopfweiden in einer Gruppe von drei bis fünf Pflanzen, je nach Grundstücksgröße, unbedingt zum Teich. Besonders geeignet sind die **Weidenarten** *Salix alba, S. viminalis, S. fragilis.*

Bei **Birken** *(Betula spec.)*, **Erlen** *(Alnus spec.)*, **Haselnuss** *(Corylus avellana)* heißt es aufpassen. Sie wachsen sehr stark und bringen mit dem vielen Laub oft viel Arbeit mit sich.

Attraktiv sind dagegen viele **Ahornarten**, ob japanisch, rotlaubig oder geschlitztblättrig. Sie zaubern eine ganze besondere Stimmung.

STAUDEN

Die eigentlichen Begleiter des Teiches sind die Stauden. Diese Pflanzen, bei denen nur der Wurzelstock überwintert und deren oberirdischen Teile einziehen, gibt es in einer solchen Artenvielfalt, dass eine Auswahl schwer fällt.

Genannt seien:
Frauenmantel *(Alchemilla mollis)*, **Astilben** *(Astilbe spec.)*, **Bergenie** *(Bergenia cordifolia)*, **Glockenblumen** *(Campanula spec.)*, **Elfenblumen** *(Epimedium spec.)*, **Mädesüß** *(Fillipendula ulmaria)*, **Funkien** *(Hosta spec.)*, **Ligularien** *(Ligularia spec.)*, **Katzenminze** *(Nepeta x fassenii)*, **Primel** *(Primula sieboldii)*, **Krötenlilie** *(Tricyrtis hirta)*, **Ehrenpreis** *(Veronica longifolia)*.

GRÄSER

Wie geschaffen für den Teichrand sind freilich Gräser:
Zittergras *(Briza media)*, **Seggen-Arten** *(Carex spec.)*, **Chinaschilf** *(Miscanthus spec.)*, **Lampenputzergras** *(Pennisetum compressum)*, **Bambus** *(Sinarundinaria murilae)*.

Tipp

NATURTEICH – FOLIENTEICH

Naturteich und Folienteich unterscheiden sich ganz wesentlich, was die Umgebung betrifft. Folien verhindern das Durchnässen des Bodens, daher ist es meist rund um den künstlich angelegten Teich sehr trocken. Dennoch lassen sich viele Pflanzen so arrangieren, dass ein möglichst naturnaher Gesamteindruck entsteht.

Die dekorativsten
Balkonblumen

*Farblich abgestimmte Balkonblumen —
ein rosaroter Blütentraum mit Petunien
als Hauptdarstellern*

Ein Garten in luftiger Höhe

Die Pflanzsaison beginnt für fast alle
Balkonblumen Anfang bis Mitte Mai.
Die Regel, frostempfindliche Pflanzen
nicht vor den Eisheiligen zu setzen, gilt
als Richtwert. An manchen Orten kann
es aber schon lange davor schöne,
warme Tage geben oder aber auch
noch danach eine kalte Frostnacht.
Pflanzen Sie alle Blumen genau so
tief, wie sie im ursprünglichen Topf
waren. Hängende Pflanzen, wie zum
Beispiel Hänge-Geranien, sollten an
den vorderen Rand des Kistchens
gesetzt werden, und zwar ein wenig
schräg, so dass die Pflanzen leichter
nach unten wachsen können. Das
Um- und Einpflanzen bringt für alle
Pflanzen einen Schock, daher sollten
sie in den ersten Tagen auch besonders sorgfältig gepflegt werden.
Nach einem ersten Angießen sollen
die fertig bepflanzten Blumenkästen
nicht sofort in die pralle Sonne. Ein
Plätzchen im Halbschatten ist für
zwei, drei Tage ideal. Gegossen wird
in dieser Zeit nicht zu viel, so dass
es nicht zu Staunässe kommen kann.

Tipp

*Mit Balkonblumen, die aus
dem Winterquartier geholt
werden, muss man vorsichtig
umgehen: Sie sind geschwächt
und vertragen ein, zwei Wochen
lang überhaupt keine Sonne.*

*Die Pflanzen sollten auch
nicht sofort umgesetzt werden. Schneiden Sie sie zunächst zurück und warten Sie,
bis sich einige junge Blätter
zeigen. Erst dann kommen die
Pflanzen wieder in frische Erde.*

*Besonders Fuchsien können
durch Rückschnitt und
gleichzeitiges Umtopfen so
geschwächt werden, dass sie
absterben.*

Blumenkästen mit einem Wasserspeicher sind besonders bequem. Allerdings sollte das Wasser erst nach dem Einwachsen der Pflanzen im Vorratsbehälter bis zum Maximum gefüllt werden. Bei kühler Witterung kommt es sonst leicht zu Fäulnis.

Bester Zeitpunkt zum Gießen ist der Abend - vor allem an heißen Tagen. Dann haben die Pflanzen über Nacht Zeit, Kraft zu tanken. Allerdings sollten die Blätter nicht benetzt werden, da sonst Pilzerkrankungen drohen.

Richtiges Gießen

Ein heißer Sommer und es heißt gießen, gießen und nochmals gießen! In den Balkonkästen ist kaum Platz für Erde und damit kaum eine Möglichkeit, Wasser zu speichern. Oft ist es daher notwendig, nicht nur einmal am Tag, sondern sogar morgens und abends zu gießen. Regenwasser ist auch für diese Pflanzen das beste. Vielleicht besteht bei Ihrem Balkon oder Ihrer Terrasse die Möglichkeit, eine Dachrinne „anzuzapfen" und dieses „weiche" Wasser in einem Fass zu sammeln. Wenn keine Möglichkeit für einen Regenwasserspeicher besteht, dann sollte dennoch ein Fass oder ein größerer Kübel aufgestellt werden und darin normales Leitungswasser gesammelt und für einige Tage erwärmt und damit „belebt" werden. Sehr einfach in der Konstruktion sind auch Blumenkästen mit einem Wasserspeicher. Bei diesen sollte man aber in den ersten Wochen nach dem Bepflanzen (besonders bei regnerischem Wetter) vorsichtig sein, da es leicht zu Fäulnis an den Wurzeln kommen kann.

SO WIRD RICHTIG GEDÜNGT

Ein Langzeitdünger, in die Pflanzerde gemischt, erspart in den ersten Wochen viel Mühe. Als organischer Dünger sind Hornspäne ideal. Wer herkömmlich gärtnert, verwendet die neuen Dünge- „Kügelchen" mit Depotwirkung, die abhängig von der Temperatur die Nährstoffe über drei bis vier Monate hinweg an die Pflanzenwurzeln abgeben, ohne dass die Gefahr einer Überdüngung besteht.

BALKONBLUMEN FÜR JEDES PLÄTZCHEN	BLÜTENFARBE	BLÜTEZEIT	STANDORT	ÜBERWINTERN
Blaue Mauritius (*Convolvulus sabatius*)	blau	Mai–Oktober	sonnig	Triebe stark zurück-schneiden und kühl und relativ trocken stellen; Ab März antreiben
Buntnessel (*Coleus-Blumei*-Hybriden)	Blattpflanze mit Rottönen	Blüte sollte entfernt werden, da die Pflan-ze vor allem wegen der bunten Blätter kultiviert wird	sonnig, halbschattig	sogar im Zimmer möglich
Dahlien (*Dahlia spec.*)	rot, gelb, weiß etc.	Juli–Oktober	sonnig	Knollen an einem kühlen Ort aufbewahren
Eisenkraut (*Verbena tenera*)	weiß, rosa, rot, violett	Juni–Oktober	sonnig	nicht sinnvoll
Fächerblume (*Scaevola aemula*)	violettblau	April–Oktober	sonnig bis halbschattig	nicht sinnvoll
Fleißiges Lieschen (*Impatiens walleriana, I.-Neu-Guinea*-Hybriden)	weiß, rosa, orange, rot, violett, weiß und neuerdings auch orange sowie viele Pinkfarben	Mai–Oktober	normalerweise Halb-schatten, die neuen Hybrid-Sorten aber sonnig	nicht sinnvoll
Fuchsien (*Fuchsia* Hybriden)	rot, rosa, weiß, violett, dunkel-blau	Mai–Oktober	halbschattig	hell bei etwa 10 Grad, dunkel bei etwa 5 Grad, im Frühjahr Rückschnitt und erst nach dem Antreiben umpflanzen
Geranie (*Pelargonium spec.*)	rot, rosa, weiß, violett, lila	Mai–Oktober	sonnig und leicht schattig	bei kühlem, hellem Platz leicht möglich
Goldmarie (auch Goldfieber genannt) (*Bidens ferulifolia*)	gelb	Mai–Oktober	sonnig	nicht sinnvoll
Kapuzinerkresse (*Tropaeolum majus*)	gelb, orange, rot	Juni–Oktober	sonnig bis halbschattig	nicht möglich
Knollenbegonie (*Begonia*-Hybriden)	gelb, weiß, rot, rosa sowie zahlreiche Mischungen	Mai–Oktober	halbschattig	Knollen an einem kühlen Ort aufbewahren
Leberbalsam (*Ageratum houstonianum*)	blau	Mai–Oktober	sonnig bis halbschattig	nicht möglich
Männertreu (*Lobelia erinus*)	blau, seltener: weiß, rot	Mai–August	sonnig bis halbschattig	nicht möglich
Mottenkönig, Weihrauchblume, Elfengold (*Plectranthus coleoides*)	Blatt: grünweiß	Herbst	sonnig, halbschattig	hell und kühl, aber meist nicht sinnvoll
Pantoffelblume (*Calceolaria integrifolia*)	gelb	Mai–September	halbschattig	nicht sinnvoll
Petunie und Japanische Petunie (*Petunia* Hybriden und *Surfinia* Hybriden)	rot, rosa, weiß, dunkelblau, gestreifte Formen sowie bei den Japanischen Petunien: weiß, lila, violett etc.	Mai–September	sonnig	nicht möglich
Studentenblume (*Tagetes erecta, T. patula* 'Nana')	gelb, rot	Mai–Oktober	sonnig bis halbschattig	nicht möglich
Vanille (*Heliotropium arborescens*) Uralte Gartenpflanze, kommt allmählich wieder in Mode, wird vor allem wegen ihres intensiven Duftes kultiviert; Schädling: meist nur die Weiße Fliege	blau	Mai–September	sonnig	nicht empfehlenswert
Ziertabak (*Nicotiana sanderae*)	weiß, gelb, rosa, rot	Juli–September	sonnig	nicht möglich

Pflanzen für:
Vitamin-Beete

„Paradiesäpfel" wurden die Tomaten früher oft genannt. In Österreich hält sich deshalb noch immer der alte Name „Paradeiser". Die Sortenvielfalt ist enorm. Achten Sie auf krankheitsresistente Züchtungen.

Tipp

VITAMINBEETE:
SO ENTSTEHEN SIE

Ein sonniges Plätzchen, gute, tiefgründig gelockerte Erde – und schon kann 's losgehen. Viele Gemüsepflanzen können freilich nicht direkt im Freiland angebaut werden, sie müssen „vorgezogen" werden. Wer das spannende Erlebnis des Wachsens und Gedeihens miterleben will, soll es bei Tomaten und Gurken einmal probieren; alle anderen Pflanzen, wie zum Beispiel Salat, Kohlrabi u. a. kauft man aber am bequemsten vorgezogen beim Gärtner.

Die Vorratskammer für Vitamine

Die Vitamine „live" aus dem Garten holen – gibt es etwas Schöneres? Wer einen Gemüsegarten anlegen will, muss nur vorweg eine wichtige Entscheidung treffen: Soll der Garten so groß sein, dass er eine ganze Familie ernährt, oder soll er nur den Sommer über eine „Vorratskammer für frische Vitamine" sein? Wer ersteres will, kann dieses Buch wieder zur Seite legen – das ist nichts für Faulenzer. Alle anderen aber erfahren hier das Wichtigste.

Aubergine *(Solanum melongena)* – braucht viel Wärme und nahrhaften Boden.

Bohnen *(Phaseolus vulgaris)* – Vorsicht, es gibt Busch- und Stangenbohnen; gedeihen auf fast allen Böden.

Erbsen *(Pisum sativum)* – es gibt: Palerbsen, Markerbsen und Zuckererbsen; gedeihen fast überall, weil sie sich (wie die Bohnen) „den Boden selbst düngen".

Gurke *(Cucumis sativus)* – es gibt sehr viele Sorten; wählen Sie eine wenig krankheitsanfällige.

Karotten *(Daucus carota subspec. sativus)* – auch hier gibt es viele unterschiedliche Sorten; die neuen Sorten sind schädlingsresistent.

Kartoffeln oder Erdäpfel *(Solanum tuberosum)* – sind die Pioniere in einem neu angelegten Garten und gehören einfach zum Probieren dazu.

Kohl *(Brassica oleracea)* – so weit das Auge reicht: Weißkohl, Brokkoli, Kohlrabi, Sprossenkohl. Alle lieben humosen, nährstoffreichen Boden.

Paprika *(Capsicum annuum)* – liebt warmen, sonnigen Platz und humose, lockere Erde.

Radieschen *(Raphanus sativus)* – typische Einsteigerpflanze für Hobbygärtner.

Rhabarber *(Rheum rhabarbarum)* – darf in keinem Garten fehlen, denn er liefert das erste frische Kompott.

Salate *(Lactuca sativa)* – das Wichtigste überhaupt: Wählen Sie neben dem Kopfsalat den Feldsalat und vor allem Schnittsalat. Besonders robust: Rauke oder Rucola.

Spinat *(Spinacia oleracea)* – zählt zu den wichtigsten Pflanzen im Biogarten, weil sie d i e ideale Mischkulturpflanze ist.

Tomaten, Paradeiser *(Lycopersicon esculentum)* – gibt es in vielen Sorten, Größen und Formen; unbedingt unter Glas- oder Foliendach ziehen, sonst kommt es zu Braunfäule.

Zucchini *(Cucurbita pepo)* – benötigt sehr viele Nährstoffe, am Fuß eines Komposthaufens ist der ideale Platz (oben auf wird die Erde zu sehr ausgelaugt).

Zuckermais *(Zea mays)* – die Trendpflanze; braucht sehr nahrhaften Boden.

Zwiebel *(Allium cepa)* – nicht bloß die normale Zwiebel anbauen, sondern auch Lauch oder Porree, Schalotten und natürlich Knoblauch *(Allium sativum)*; alle lieben humosen, lockeren und warmen Boden.

Tomaten benötigen zum gesunden Wachsen Sonne, Wärme und Regenschutz. Daher sollte das Tomatenbeet so angelegt werden, dass es den ganzen Tag in der Sonne steht. Das Dach (aus Glas oder Folie) leicht schräg nach hinten neigen und auch die Rückwand mit Folie oder Glas verkleiden. Gepflanzt wird in gut gedüngte Erde (Kompost, Hornspäne). Die Pflanzen an Schnüren oder Stäben hochziehen und immer ausgeizen (Mitte), das heißt sämtliche Seitentriebe aus den Blattachseln entfernen.
Nicht vergessen: *den Boden gut mit Rasenschnitt mulchen – so bleibt er feucht!*

Saatbänder sind die einfachste Möglichkeit,
das Saatgut im richtigen Abstand in die Erde zu bringen.

SAATBAND

„Packung ergibt 1000 Pflanzen!"
So steht es auf den Samentüten
so lesen und so manchem Laien
kommen Zweifel. Vor allem dann,
wenn die Samenkörner nur staub-
korngroß sind. Werden sie dann
zu dicht gesät, kommen statt
der tausend nur einige Dutzend
Pflanzen hoch. Abhilfe schafft
das Saatband. Hier werden die
Samen im richtigen Abstand in
einem Papier eingeklebt. Der
Hobbygärtner muss nun nur noch
die richtige Saattiefe einhalten.
Viele Firmen bieten bereits Saat-
bänder mit Mischungen an, z.B.
Kräuter oder Duftpflanzen.

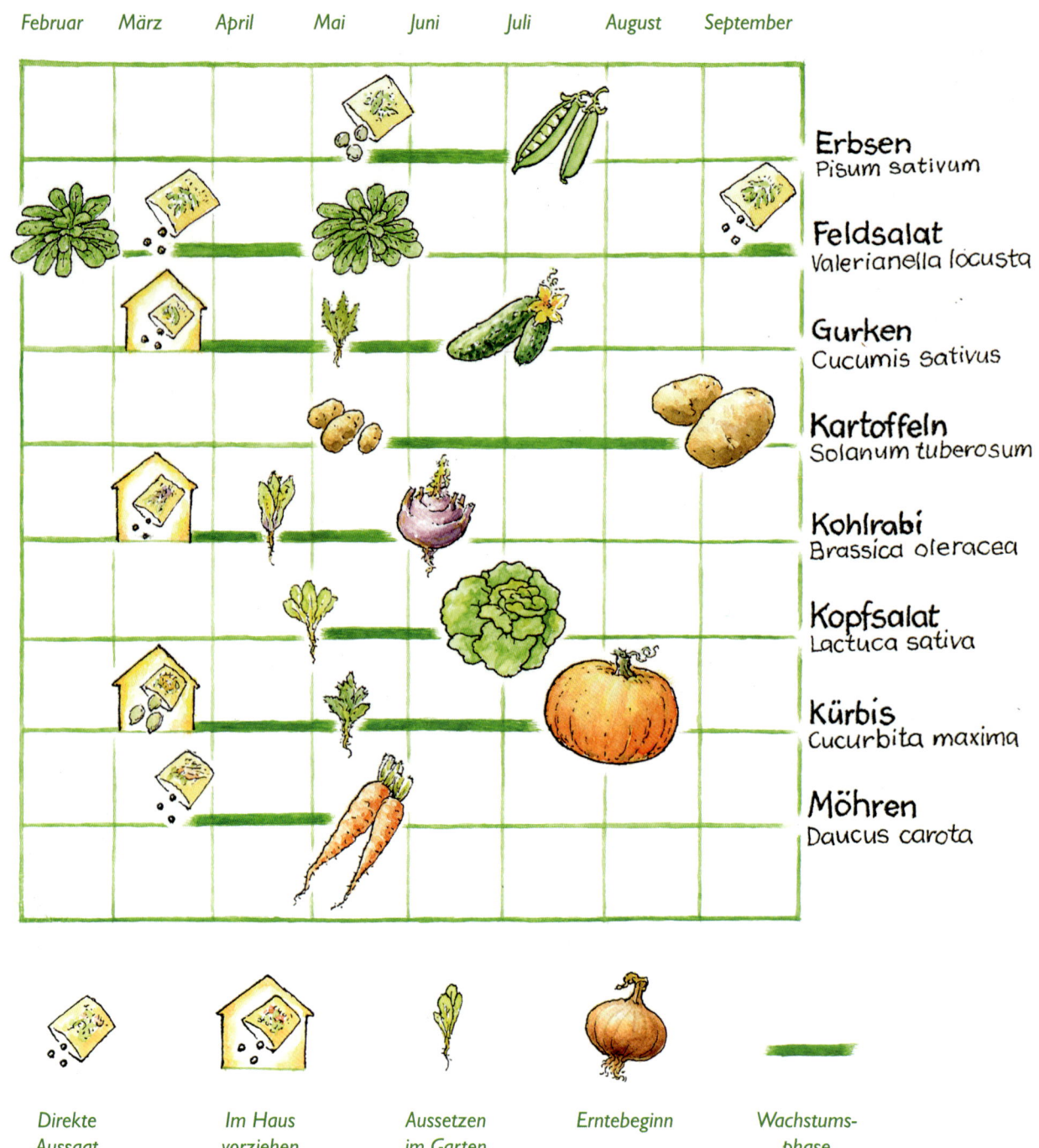

Pflanz- und Erntetabelle für die besten Gemüsesorten

	Februar	März	April	Mai	Juni	Juli	August	September

Erbsen
Pisum sativum

Feldsalat
Valerianella locusta

Gurken
Cucumis sativus

Kartoffeln
Solanum tuberosum

Kohlrabi
Brassica oleracea

Kopfsalat
Lactuca sativa

Kürbis
Cucurbita maxima

Möhren
Daucus carota

Direkte Aussaat

Im Haus vorziehen

Aussetzen im Garten

Erntebeginn

Wachstums-phase

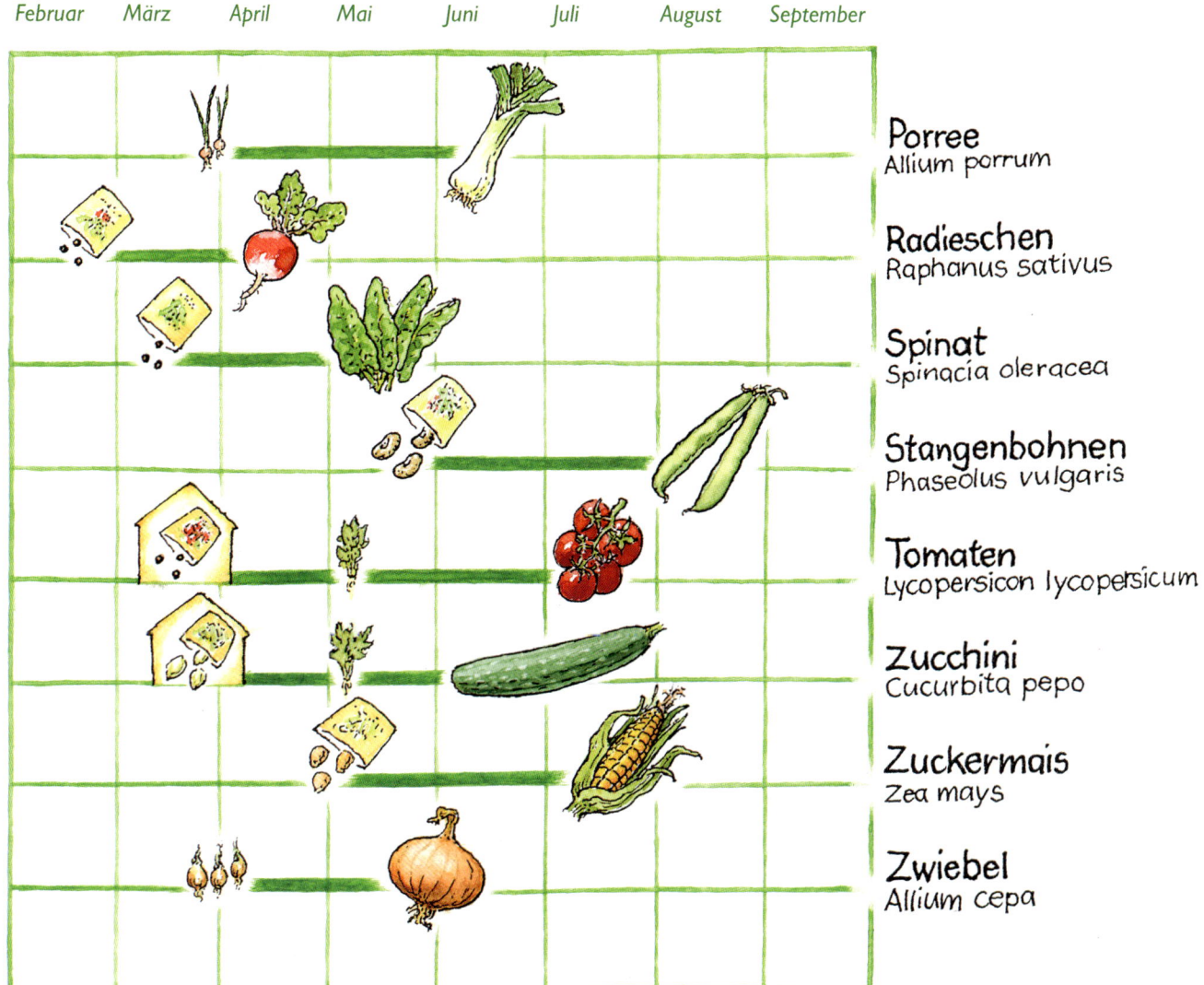

Februar	März	April	Mai	Juni	Juli	August	September

Porree
Allium porrum

Radieschen
Raphanus sativus

Spinat
Spinacia oleracea

Stangenbohnen
Phaseolus vulgaris

Tomaten
Lycopersicon lycopersicum

Zucchini
Cucurbita pepo

Zuckermais
Zea mays

Zwiebel
Allium cepa

Gemüsegärten lohnen sich immer, denn wer möchte wohl auf die frischen Vitamine aus dem Garten verzichten? Die Tabelle zeigt, wann welches Gemüse ausgesät oder gepflanzt werden muss und wann mit einer Ernte gerechnet werden kann. Beachten Sie, dass viele Gemüsesorten extrem wärmebedürftig sind. Sie müssen daher entweder im Haus vorgezogen werden oder als Jungpflanzen gekauft und nach den Eisheiligen (Mitte Mai) im Garten ausgepflanzt werden. Eine wichtige Regel sollten Sie gerade im Gemüsegarten niemals vergessen: „Wer früh sät, wird spät ernten". Denn für die Pflanzen ist nichts schlechter als ein kalter Start ins Leben.

Pflanzen für:
Naschkatzen

Heidelbeeren sind ideal für alle intelligenten Faulen: Sie machen über Jahre hinweg keine Mühe.

Köstliche Beeren in allen Sorten

Beerensträucher sind in meinem Garten Erfrischungsstationen und gleichzeitig Vitaminspender: Ob Himbeere oder Johannisbeere, ob Stachelbeere oder Brombeere – die saftigen Früchte eignen sich zum Naschen, lassen sich hervorragend einfrieren, und wir erinnern uns auch noch an kalten Wintertagen an die schönen Sommertage.

Jede Beerenart hat ihre spezielle Kulturform und stellt ganz besondere Ansprüche an Boden und Standort.

Erdbeeren – die süßesten Früchte

Die Erdbeere ist die wohl am meisten angebaute Beerenfrucht und wächst besonders leicht und unproblematisch. Erdbeeren werden immer drei Jahre auf einem Beet kultiviert, daher muss der Boden gut vorbereitet werden.

Am besten beginnen wir damit schon im Herbst davor. Den Boden lockern, mit Kompost oder biologischem Langzeitdünger (z.B. Hornspäne) versorgen. Die Erdbeeren am besten im August in Reihen pflanzen: Auf einem 100 cm breiten Beet haben zwei Reihen Platz. Der Abstand zwischen den Pflanzen sollte etwa 30 cm betragen. Anschließend mit Grobkompost mulchen, auch Nadelstreu hat sich als Bodenabdeckung bewährt.

Himbeeren – Köstlichkeiten in Augenhöhe

Himbeeren werden am einfachsten am Rand des Gartens in einem Beet kultiviert, das eine eher „saure Bodenreaktion" aufweist.

Beim Anlegen sollte daher schon Rindenhumus und Kompost eingearbeitet werden. Zum Abdecken der Erde verwenden Sie immer Rindenmulch (ca. 10 cm dick auftragen). Diese ständige Bodenfeuchte wirkt sich gut auf das Wachstum der Pflanzen aus. Die Himbeerruten stehen zwischen vier Pflö-

cken, die mit Draht verbunden sind. Nach der Ernte müssen alle abgetragenen Ruten bodeneben abgeschnitten werden. Auch alle dünnen Äste kommen weg, nur kräftige und gesunde Himbeerruten bleiben stehen.

Der Abstand zwischen den Ruten sollte etwa 20 bis 25 cm betragen. Damit vermindert man die Gefahr der Rutenkrankheit.

Wer einmal frische Himbeeren gegessen hat, wird nicht mehr von dieser Köstlichkeit loskommen.

In Gärten, in denen die Rutenkrankheit alljährlich die Triebe regelrecht dahinrafft, sollten herkömmliche Himbeeren nicht mehr angebaut werden. Versuchen Sie einmal die Sorte 'Autumn Bliss'. Die Ernte beginnt zwar erst im August, dauert aber bis zum Oktober. Diese Herbst-Himbeere ist robust und pflegeleicht, denn alle Äste werden im Spätherbst bis zum Boden abgeschnitten. Im Gegensatz zu den üblichen Himbeeren fruchtet 'Autumn Bliss' auf den einjährigen Trieben. Selbst im Topf lässt sich diese Sorte für einige Jahre ziehen.

Brombeeren – saftig und robust ...

Brombeeren sind die Giganten unter den Beeren, was ihr Wachstum betrifft. Hält man eine Brombeere nicht im Zaum, so wird sie innerhalb kürzester Zeit ein wildes Dickicht bilden. Daher muss auch der Pflanzabstand etwa drei bis vier Meter betragen. Im Herbst werden immer jene Ruten entfernt, die getragen haben.

Eine Bodenabdeckung mit Mulchmaterial soll waldähnliche Verhältnisse schaffen: Rindenmulch, Holzhäcksel oder auch Nadelstreu sind ideal dafür.

Johannisbeeren – sauer macht lustig ...

Die Johannisbeere gehört zu den ältesten Beerenfrüchten im Hausgarten. Selbst in alten Bauerngärten fand man sie bereits. Die Sträucher sollten

an einem sonnigen Platz stehen, in einem lockeren und humusreichen Boden. Jährlich im Herbst erhalten die Sträucher verrotteten Stallmist und Kompost als Mulchdecke. Niemals darf im Bereich der Johannisbeeren umgestochen werden. Die Pflanzen wurzeln nämlich sehr flach. Daher ist aber auch im Sommer eine Mulchdecke günstig, denn sie schützt die Erde vor dem Austrocknen.

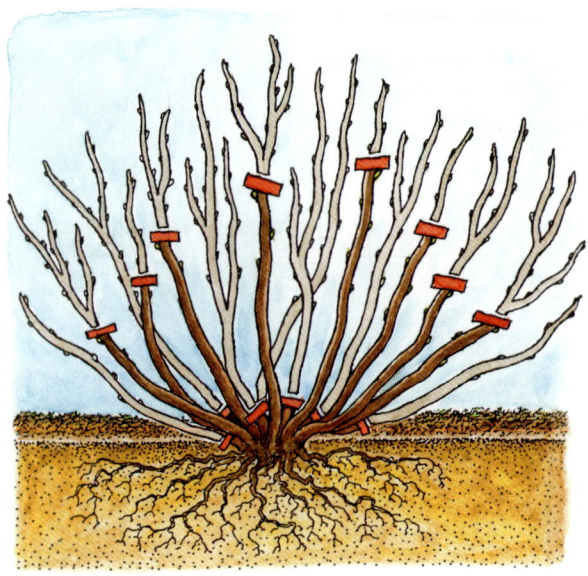

Stachelbeeren – ideal für Naschkatzen ...

Stachelbeeren werden fast genauso kultiviert wie Johannisbeer-Sträucher. Sie benötigen ein sonniges Plätzchen, gedeihen aber auch noch im Halbschatten recht gut. Auch hier sollte der Boden mit Rindenmulch abgedeckt werden. Kompost und gut verrotteter Rindermist sind ebenfalls günstige Nährstofflieferanten.

Alljährlich im Herbst sollten ältere Triebe herausgeschnitten werden, die kräftigen Jungtriebe setzen dann wieder viele Früchte an.

Tipp

Johannisbeeren entwickeln besonders viele Seitentriebe, wenn sie beim Pflanzen etwas tiefer eingegraben werden, als sie in der Baumschule standen.

Tipp

Mehltau sorgt bei Stachelbeeren oft für eine Missernte. Im Herbst sollten bei befallenen Sträuchern immer die Triebspitzen entfernt werden, denn dort befinden sich die Pilzsporen. Schon vom zeitigen Frühjahr an muss die Stachelbeere dann noch mit Schachtelhalmtee gespritzt werden. Die Kieselsäure stärkt die Pflanzen.

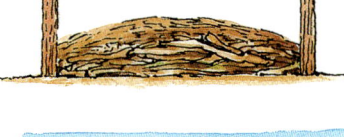

Hochbeet für Gartenheidelbeeren

Ganz unten kommt grober Gehölzschnitt oder Rindenmulch; darauf halbreifer Laubkompost und eine Mischung aus grobem Torf und Rindenhumus. Oben handelsübliche Rhododendron-Erde.

**HEIDELBEEREN –
DIE TRENDFRUCHT
DES 21. JAHRHUNDERTS**

Besonders empfehlenswert für alle intelligenten Faulen: Heidelbeeren (Vaccinium corymbosum), genauer Gartenheidelbeeren.

Legt man die Heidelbeerbeete richtig an, dann machen sie über Jahre hinweg keine Mühe mehr.

Der ideale Zeitpunkt für die Vorbereitungen ist der Herbst. Errichten Sie ein Hochbeet (ca. 50 cm), darin sind für viele Jahre ideale Bodenverhältnisse gegeben.

Es wird zuerst mit Gehölzschnitt oder Rindenmulch, dann mit einer Mischung aus Lauberdekompost, Rindenhumus und sehr grobem Torf befüllt. Obenauf kommt noch eine Schicht Rhododendron-Erde und abgedeckt wird mit Rindenmulch.

Die Pflanzen werden kräftig wachsen und schon im zweiten Jahr viele Beeren tragen.

Die „Wilden" für den Garten

Besonders pflegeleicht und bequem sind einige Wildgehölze, aus deren Früchten sich köstliche Marmeladen und Liköre machen lassen.

Die bequemeren unter uns können Singvögeln mit solchen Beerengehölzen große Freude bereiten – sie lieben die wilden Früchte.

Schön und nützlich sind beispielsweise **Kornelkirsche** (*Cornus mas*), **Schlehdorn** (*Prunus spinosa*), **Eberesche** (*Sorbus aucuparia*), **Kartoffelrose** (*Rosa rugosa*) mit wunderbar duftenden Blüten und großen Hagebutten. Ebenso sind **Sanddorn** (*Hippophae rhamnoides*) und **Holunder** (*Sambucus nigra*) uralte Kulturpflanzen. Beim Holunder sollte unbedingt die Sorte 'Haschberg' gewählt werden, die viele Früchte trägt und besonders gleichmäßig reift.

67

Pflanzen für:
Duftgärten

'Lady Plymouth' nennt sich diese Duftpelargonie, die – so die Experten – einen „zimtigen Rosenduft" verströmt. Eine Pflanze für Auge und Nase.

Der Lebkuchenbaum überrascht im Herbst mit dem intensiven Duft der verrottenden Blätter.

Mit dem Duft verbindet jeder Mensch ganz besondere Erinnerungen. Der erste Frühlingstag mit seinem frischen Geruch der wieder erwachenden Natur, das betörende Parfum der Rosen an einem Frühsommertag und der Herbsttag, der mit dem modrigen Geruch das Ende des Gartenjahres einläutet. Duftgärten können für Faulenzer gleich mehrere Anreize haben: Einerseits ist der Geruch vieler Pflanzen wie eine Droge, die einen im Garten hält – da bringt sogar Unkrautjäten Lust. Andererseits sind viele Duftpflanzen ideale Helfer bei der Schädlingsbekämpfung. Man denke nur an den Lavendel, dessen Geruch Blattläuse an den Rosen vergrämt. Oder an den Knoblauch, dessen scharfer Geruch sogar lästige Pilzkrankheiten an den Erdbeeren zu bekämpfen hilft. Die Hauptrolle im Duftgarten spielen natürlich die Kräuter, daneben gehören aber auch die Rosen (siehe „Rosengarten") und einige besondere Gehölze dazu.

Kurios und duftend

Ein Gehölz, das immer wieder im herbstlichen Garten für Überraschung sorgt, ist der **Lebkuchenbaum** (*Cercidiphyllum japonicum*).

Dieser an sich nicht blühende Baum verliert seine Blätter und im Zusammenwirken mit einem Pilz beginnt das modrige Laub intensiv nach Lebkuchen zu duften. Der Baum ist weder anspruchsvoll noch schädlingsanfällig.

Kräuter & Co.

Der blühende Lavendel verströmt intensivsten Duft.

Die Kräuterecke ist eine Duftoase im Garten. Sie liefert nicht nur köstlich Aromatisches für die Küche, sie ist auch die „Apotheke" des Gärtners – schon seit Jahrhunderten. Alle Küchen- und Heilkräuter sind „Sonnenkinder", denn fast alle diese Gewächse haben ihre Heimat in südlichen Regionen. Nur wenn ausreichend Wärme und Licht zur Verfügung stehen, bilden sich die heilenden und würzenden Substanzen in großen Mengen. An den Boden stellen die Kräuter keine hohen Ansprüche. Je karger, desto lieber.

DIE WICHTIGSTEN KRÄUTER

Basilikum *(Ocimum spec.)* – eine warme, sonnige Stelle im Garten; gedeiht am besten in Töpfen am Balkon.

Bohnenkraut *(Satureja hortensis)* – direkt aussäen, im Sommer wenig gießen, dann werden die Pflanzen aromatisch.

Dill *(Anethum graveolens)* – am besten dort säen, wo später Gurken hingepflanzt werden; gut mulchen, Dill liebt feuchten Boden.

Kamille *(Matricaria recutita)* – direkt aussäen; besonders karge Erde ist ideal; Blüten täglich abzupfen und trocknen; sät sich immer wieder selbst aus.

Knoblauch *(Allium sativum)* – im März oder schon im Oktober die Zehen stecken; nicht in frisch gedüngte Erde! Ideale Mischkulturpflanze – bei den Erdbeeren, im Rosenbeet; Ernte, sobald das Laub dürr wird.

Kresse *(Lepidium sativum)* – das flotteste Kraut, ideal für leer gewordene Beete oder im Blumentopf.

Lavendel *(Lavandula angustifolia)* – idealer Partner der Rosen; liebt trockene, durchlässige Erde in voller Sonne.

Melisse *(Melissa officinalis)* – leicht zu pflegen; Erde sollte humusreich sein.

Oregano *(Origanum vulgaris)* – das Pizzagewürz darf nicht fehlen: Sonne und Wärme – dann wuchert er.

Petersilie *(Petroselinum crispum)* – spannt viele Gärtner auf die Folter, weil sie sehr langsam keimt; ideale Aussaat: Ende August.

Pfefferminze *(Mentha piperita 'Mitcham')* – wuchert, aber gehört dazu; der beste Tee, wenn er aus dem eigenen Garten kommt.

Ringelblume *(Calendula officinalis)* – einmal Ringelblume, immer Ringelblume: sät sich überall aus, ist lästig aber wunderschön!

Rosmarin – mein Liebling! Der Duft bringt uns den Süden in den Garten; nicht winterhart, daher bleibt er im Topf in lehmiger Erde.

Salbei *(Salvia officinalis)* – Halsweh ade. Frischer Salbei schmeckt aber auch geröstet; keine Bodenansprüche.

Sauerampfer *(Rumex acetosa)* – in der neuen Küche ein Muss; wächst ohne viel Pflege, benötigt nur ab und zu Wasser.

Thymian *(Thymus spec.)* – schön und duftend: keine Pflasterritze sollte ohne ihn sein. Je karger, desto aromatischer.

Die wichtigsten Kräuter und ihre Vorlieben

feucht ——————→ BODENFEUCHTIGKEIT ——————→ mittel

hoch

WACHSTUM

niedrig

Brennessel
Urtica dioica

Melisse
Melissa
officinalis

Buschrose
Rosa

Borretsch
Borago
officinalis

Schnittlauch
Allium
Schoenoprasum

Fenchel
Foeniculum
vulgare

Petersilie
Petroselinum
crispum

Dill
Anethum
graveolens

Bohnenkraut
Satureja
hortensis

Auch Kräuter stellen gewisse Ansprüche an den Boden. Manche lieben einen eher trockenen Standort, manche eher einen feuchten. Gerade bei Kräutern sind die Hinweise auf die Bodenverhältnisse aber nur Richtwerte, denn diese Pflanzen sind äußerst genügsam und passen sich schnell den Gegebenheiten an. Je karger der Boden aber ist, desto intensiver sind die Inhaltsstoffe, also die heilenden oder würzenden Substanzen.

Lavendel
Lavandula

Kamille
Anthemis nobilis

Salbei
Salvia officinalis

Ringelblume
Calendula officinalis

Knoblauch
Allium sativum

Kerbel
Anthriscus cerefolium

Oregano
Origanum vulgare

Thymian
Thymus vulgaris

Majoran
Origanum
majorana

hoch

WACHSTUM

niedrig

Die wichtigsten Kräuter und ihre Vorlieben

Die Tabelle zeigt übersichtlich, wo sich die jeweiligen Pflanzen wohl fühlen. Beachten Sie bei der Anlage von Kräuterbeeten auch die Wuchshöhe. Damit bieten Sie den Pflanzen möglichst viel Licht und ermöglichen ihnen gesundes Wachstum. Gleichzeitig wird auch die Ernte erleichtert.

Kräutertöpfe werden in Etagen bepflanzt. Zuerst eine Schicht durchlässiger Erde einfüllen. Dann werden die Wurzeln der Kräuter fest in Zeitungen gewickelt, um sie durch die Öffnungen im Topf schieben zu können. Trockenheitsliebende Kräuter wie Thymian, Lavendel oder Rosmarin kommen oben auf.

DER KRÄUTERTOPF

Nicht jeder will und kann gleich einen ganzen Gartenteil für Kräuter verwenden. Besonders dekorativ sind in einem solchen Fall Kräutertöpfe. Diese großen Tontöpfe, bei denen seitlich Öffnungen wie kleine Balkone angeordnet sind, lassen sich mit einer Vielzahl von Kräutern bepflanzen. Feuchtigkeitsliebende Kräuter, zum Beispiel Minzen, sollten eher im unteren Bereich angeordnet werden. Trockenheitsliebende Kräuter, zum Beispiel Thymian oder Basilikum, kommen in den oberen Bereich. Wer schon beim Einfüllen der Erde die Vorlieben der Pflanzen berücksichtigt, hat später weniger Mühe. Also: feuchtigkeitsliebende Pflanzen in mehr Humus, trockenheitsliebende Pflanzen in Erde mit größerem Sandanteil setzen. Wer noch mehr auf Zierde Wert legt, sollte oben auf eine Duftpelargonie platzieren – Blüten und Duft in einem. Und noch ein Tipp: Da es schwierig ist, die Kräuter durch die kleinen Topföffnungen zu bringen, wickelt man sie zuerst fest in Zeitung, zieht sie damit „gebündelt" durch und entfernt anschließend das Papier. So werden Wurzeln und Blätter kaum verletzt.

PFLANZEN FÜR DEN KRÄUTERTOPF

• • •

Schnittlauch, Petersilie, Basilikum, Thymian, Liebstöckel, Minzen (neigen zum Wuchern!), Schnittknoblauch, Rosmarin

Süden – das ist für Gartenbegeisterte auch die Region der zahllosen Kübel- und Balkonpflanzen. Hierzulande helfen sie uns alljährlich, ein Stück Italien, Griechenland oder ganz einfach mediterranes Lebensgefühl in unsere unmittelbare Umgebung zu zaubern. Kübelpflanzen haben einen ganz besonderen Reiz. Sie haben allerdings – und das sei ehrlich gesagt – einen Nachteil: Es sind Pflanzen mit Pflegebedarf. Man denke nur an das jahreszeitenbedingte Hinaus- und dann wieder Hereinschleppen! Deshalb auch die Alternative: Pflanzen mit südlichem Flair, die trotzdem winterhart sind.

Orangen gehören zum Traum vom Süden: Alle Vertreter der Gattung Citrus tragen Frucht und Blüte gleichzeitig.

Beim Umtopfen die Pflanze nicht einfach in den nächstgrößeren Topf setzen, sondern den Wurzelballen verkleinern und das dichte Wurzelgeflecht entfernen. Dies kann entweder mit einem Messer, bei sehr starken Wurzeln aber auch mit einer Bogensäge erfolgen. Als Erde verwenden Sie handelsübliches Pflanzsubstrat, das mit etwas Komposterde und Hornspänen (als Dünger) vermischt wird. Pflanzen nicht sofort in die volle Sonne stellen und mäßig gießen.

Die „echten" Südländer

Schlösser, Landhäuser, Villen waren früher ohne eine „Orangerie", wo Zitronen, Orangen, Palmen und Oleander überwintern konnten, fast undenkbar. Seit einigen Jahren erleben die Kübelpflanzen eine Renaissance. Zwei Fragen sollte sich der Gartenliebhaber stellen, ehe er ans Einkaufen geht: Wo überwintere ich die Pflanzen? Wie viel Platz habe ich auf der Terrasse?

AUSWAHL DER SCHÖNSTEN KÜBELPFLANZEN	BLÜTENFARBE	BLÜTEZEIT	STANDORT	ÜBERWINTERN
Bleiwurz (*Plumbago auriculata*)	blau	Juni–Oktober	sonnig	hell, kühl und fast trocken
Bougainvillee (*Bougainvillea glabra*)	meist lila, auch weiß, seltener gelb	Mai–Juni	volle Sonne	hell und kühl; sobald das Laub abfällt, nicht mehr gießen.
Dattelpalme (*Phoenix canariensis*)			vollsonnig	hell und kühl um 10 °C
Engelstrompete (*Brugmansia suaveolens*)	weiß, rosa, gelb	Juli–September	sonnig bis halbschattig	hell oder dunkel, bei dunkler Überwinterung fast nicht gießen und schon im Herbst kräftig zurückschneiden
Feige (*Ficus carica*)	nicht bemerkenswert, die Früchte sind es, die eine Kultur lohnen		sonnig	kühl und hell (auch dunkel möglich)
Gewürzrinde (*Cassia corymbosa*)	gelb	Juli–Oktober	sonnig	Triebe einkürzen und mit fast abgetrocknetem Ballen in einem dunklen sehr kühlen Raum bis März aufstellen, dann in den hellen, temperierten Wintergarten
Granatapfel (*Punica granatum*)	rot	Juli–August	sonnig	hell und sehr kühl, alle abgefallenen Blätter regelmäßig entfernen
Lorbeer (*Laurus nobilis*)		April–Mai	sonnig bis halbschattig	hell und kühl
Olivenbaum, Ölbaum (*Olea*)	cremeweiß, klein	Juli–August	vollsonnig	kühl, hell
Oleander (*Nerium oleander*)	rot, rosa, weiß, gelb	Juni–September	vollsonnig	kühl, hell und wenig gießen
Orangen-, Zitronen- und Mandarinenbäumchen (*Citrus spec.*)	weiß	mehrmals im Jahr	vollsonnig	hell und kühl, wenig gießen
Roseneibisch (*Hibiscus rosa-sinensis*)	rot, weiß, gelb, orange etc.	Juli–September und länger	sonnig	hell und kühl, dann hält die Blüte bis Dezember an
Schmucklilie (*Agapanthus africanus*)	blau, weiß	Juli–August	vollsonnig	hell und kühl
Schönmalve (*Abutilon spec.*)	rot, gelb, orange	März – im Wintergarten bis Oktober	halbschattig, zuviel Sonne führt zu Spinnmilben	hell und sehr kühl
Palmlilie (*Yucca aloifolia*)	cremeweiße, große Blütenstände	August–September	vollsonnig	hell, kühl und kaum gießen

Winterharte Pflanzen
für südliche Träume

Man glaubt es kaum, aber es gibt viele südländisch wirkende Pflanzen, die durchaus auch in Regionen mit Frost und sogar starkem Frost überleben. Bei einigen der genannten Pflanzen ist die Winterhärte vor allem von den Bodenverhältnissen abhängig: Je durchlässiger und sandiger der Boden ist (siehe Tipp), desto eher überstehen diese Gewächse die Wintermonate, denn meistens ist es weniger die Kälte, die ihnen den Garaus macht, als die extreme Feuchtigkeit. Kommt es dann auch noch zu stauender Nässe, verfaulen die Wurzeln.

Buchs, in Form geschnitten und in dekorative – frostfeste – Terrakotta-Töpfe gepflanzt, schafft auch in unseren Breiten südliche Stimmung.

PFLANZEN, DIE ALLEINE ODER IN KOMBINATION EINE SÜDLICHE ATMOSPHÄRE VERMITTELN

Buchs (Buxus sempervirens) – perfekte „Rahmenpflanze" für formale Gestaltung.

Currykraut (Helichrysum italicum) – durch das silbrige Laub und den intensiven Duft eine Rarität; friert leider manchmal ab.

Distel (Eryngium giganteum) – einmal Disteln, immer Disteln! Trotz der manchmal sehr starken Versamung gehören sie einfach dazu. Tipp: Vor dem Öffnen der Samenstände Blüten abschneiden und über Restmüll entsorgen; im Kompost überleben die Samen!

Eberraute (Artemisia abrotanum) – Würzkraut mit nicht alltäglichem Duft.

Ginster (Genista lydia) – wer im Süden war, kennt die herrlichen Ginstersträucher – daher ein Muss für den „Süden".

Hecht-Rose (Rosa glauca) – die blaugrauen Blätter sind eine einzigartige Zierde; diese Wildrose blüht einmal im Juni.

Königskerze (Verbascum spec.) – die Blätter sind silbriggrau oder wie grüner Samt und die Blüten und Wuchshöhen bieten eine schier unendliche Auswahl.

Lavendel (Lavandula angustifolia) – auch hier kann das Gärtnerherz nach Lust und Laune wählen. Faustregel: Je größer die Blätter, desto weniger frosthart sind sie Pflanzen; nach der Blüte alle Lavendelbüsche stark zurückschneiden.

Mariendistel (Silybum marianum) – eine uralte Heilpflanze mit wunderschöner Blattzeichnung.

Muskatellersalbei (Salvia sclarea) – Geruch: einzigartig, Blätter: einzigartig!

Ölweide (Elaeagnus spec.) – für Laien fast eine Olive. Die ideale Pflanze für den südlichen Garten im Norden!

Sonnenröschen (Helianthemum nummularium) – kleiner Südländer mit Charme.

Storchschnabel (Geranium malviflorum) – einer von vielen Storchschnäbeln; Achtung, es gibt die Geranium-Sucht!

Wermut (Artemisia absinthium) – Auch, wenn kein Tee gebraut wird, ist es die Pflanze Wert, in den mediterranen Garten geholt zu werden.

Wolfsmilchgewächse (Euphorbia wulfenii, u.a.) – die vielen Gesichter dieser Pflanzengruppe überraschen jeden! Vorsicht, der Pflanzensaft kann die Haut reizen!

Wollziest (Stachys byzantina) – der silberne Teppich im Garten.

Ysop (Hyssopus officinalis) – noch ein Würzkraut, das schön aussieht.

Einen besonders durchlässigen Boden, der danach kaum Pflege benötigt, schafft man folgendermaßen:

Auf das geplante Beet werden große Hohlziegel gestellt. Ein Geovlies (wie es beim Teichunterbau verwendet wird) wird darüber gelegt. Anschließend wird das gesamte Beet mit einer 20–30 cm hohen Schicht aus Kies- und Rindenhumusgemisch bedeckt. In dieses Substrat setzt man dann die „südlichen" Pflanzen.

Pflanzen für die
schönsten Schattenseiten

Schatten im Garten ist oft ein Bereich, mit dem viele Gartenliebhaber nichts anzufangen wissen. Und doch bieten sich gerade dort oft eindrucksvolle Gestaltungenmöglichkeiten. Gerade in älteren Gärten, wenn Bäume und Sträucher größer werden, entstehen „Schattenseiten". Wer seinen Garten ausgewogen angelegt hat, wird mit diesen Schattenecken keine Probleme haben. Im Gegenteil: An heißen Sommertagen sind sie willkommenes Rückzugsgebiet.

Im Zentrum eines Schattengartens kann sich ein Wasserbecken befinden. Wichtig sind auch hier wieder Sitzgelegenheiten, denn nur wenn dieser Gartenteil „bewundert" werden kann, wird er gefallen.

Als Wegmaterial kann Rindenmulch, Holzhäcksel oder auch bloß festgestampfte, lehmige Erde verwendet werden. Durch die hohe Luftfeuchtigkeit und das geringe Licht vermoosen solche Wege rasch.

Schatten ist kein Problem, sondern eine Herausforderung: An heißen Tagen sind solche Sitzplätze eine kühle Oase.

Efeu (oben) und Farne (unten) sind zwei besonders robuste Schattenpflanzen. Bei beiden gibt es zahlreiche Sorten, die eine Gestaltung leicht machen.

Die zwei Favoriten

Efeu und Farne gelten zweifellos als die Favoriten für den Schatten. Efeu ist der Bodendecker, die Farne liefern die Struktur. Beide Pflanzenarten sind anspruchslos. Der Boden sollte humos und nicht zu trocken sein. Durch das Bedecken des Bodens mit Mulchmaterial kann beides erreicht werden. Die Auswahl beim Efeu ist schier unendlich. Mehr als 700 Sorten sind in den letzten Jahrzehnten von Gärtnereien gezüchtet worden. Ob großblättrig oder mit Minilaub, ob dunkelgrün oder mit buntlaubigem Blatt, ob stark oder ganz langsam wachsend. Efeu hat einzigartige Wachstumseigenschaften: Nur in der Jugend bildet er die rankenden Triebe, kommt er „ins Alter" und hat er genügend Licht, beginnt er zu blühen und stoppt das Wachstum. Efeu, der auf Bäumen klettert, stellt normalerweise kein Problem dar. Erst, wenn die Triebe zu dicht den Baum umarmen und ihm das Licht nehmen, kann er absterben.

Farne sind besonders genügsam. Einmal gepflanzt machen sie keine Arbeit mehr. Im Gegenteil: Sind über den Winter die Farnwedel abgefroren, sollten sie nicht abgeschnitten, sondern an der Pflanze belassen werden. Sie schützen die jungen, noch frostempfindlichen Pflanzenteile und schützen im Sommer, wenn sie als Mulch zu Boden fallen, vor dem Austrocknen.

Einige besonders dekorative Farne: **Rippenfarn** (Blechnum spicant), **Wurmfarn** (Dryopteris filix-mas), **Straußenfarn** (Matteuccia struthiopteris), **Perlfarn** (Onoclea sensibilis), **Königsfarn** (Osmunda regalis), **Hirschzungenfarn** (Asplenium scolopendrium), **Tüpfelfarn** (Polypodium vulgare) und **Schildfarn** (Polystichum spec.)

WEITERE PFLANZEN FÜR DEN SCHATTEN

Frauenmantel (Alchemilla mollis), Bergenien (Bergenia spec.), Funkien (Hosta spec.), Kissenprimeln (Primula vulgaris), Kriechender Günsel (Ajuga reptans), Haselwurz (Asarum europaeum), Schaumblüte (Tiarella cordifolia), Silberkerze (Cimicifuga spec.), Astilben (astilbe spec.), Glockenblumen (Campanula spec.), *Gräser – z. B.: Japansegge, Schattensegge – (Carex spec.) und Zwiebel- und Knollengewächse: Herbstzeitlose (Colchicum autumnale), Krokus (Crocus spec.), Schneeglöckchen (Galanthus nivalis und elwesii), Frühlingsknotenblume (Leucojum vernum), Blausternchen (Scilla bifolia), Hasenglöckchen (Hyacinthoides non-scripta)*

Im dichten Wurzelgeflecht eines Baumes ist Wachstum kaum möglich: Legen Sie daher zuerst ein Wurzelvlies auf den Boden und bedecken sie alles mit einer 10–15 cm starken Schicht Humus. Direkt im Umkreis des Stammes sollte der Boden nicht aufgeschüttet werden.
Bepflanzt wird dann mit Stauden, die Schatten und im Sommer auch etwas Trockenheit vertragen.

Der Boden im schattigen Teil eines Gartens ist meist leichter mit Humus zu versorgen als andere Regionen. Blätter und herabgefallene Äste können unter Bäumen und Sträuchern liegen bleiben und bilden schon nach wenigen Monaten wie in einem Wald eine Mulchdecke, die das Bodenleben fördert.

BAUMWURZELN ALS WACHSTUMSBREMSE

Sind in einem Garten die Bäume in den Himmel gewachsen und haben die Sträucher ein Dickicht gebildet, dann ist dies wahrscheinlich nicht nur über, sondern auch unter der Erde so. Da werden dann die Baumwurzeln zu Wachstumsbremsen – sie nehmen allen Pflanzen im Umkreis Wasser und Nährstoffe weg. Daher gilt es, diese Gartenbereiche umzugestalten. Mit möglichst geringem Aufwand versteht sich. Und so wird der Faulenzergärtner die Äste im unteren Bereich herausschneiden und den Boden lockern – wenn es noch geht. Am einfachsten ist es, Humus aufzutragen, mit dem Nachteil, dass stark

wurzelnde Bäume diese nahrhafte Erdschicht rasch erobern werden. Daher ist es manchmal sinnvoll, den Boden zuerst mit einem Wurzelvlies (Geovlies) zu bedecken und darauf den Humus zu schütten. In dieser Schicht können die frisch gesetzten Stauden ohne Konkurrenz der Baumwurzeln für dichten Bewuchs sorgen. Allerdings sollte man auf ausreichendes Gießen achten, da ja keine direkte Erdverbindung besteht.
Will man bloß Efeu setzen, genügt es, größere Pflanzlöcher auszugraben. Später verschaffen sich die Wurzeln dieses wunderschönen Bodendeckers ihren Platz.

Kindgerecht, kinderleicht: Pflanzen für den attraktivsten „Kinder"-Garten

Was wäre ein Garten ohne spielende Kinder? Erst das gemeinsame Entdecken von Groß und Klein bringt manch ein Naturgeheimnis zu Tage — egal zu welcher Jahreszeit. Im Herbst wird jedenfalls gesammelt: Blätter, Früchte, Kürbisse ...

Für viele Kinder sind Gärten die Erlebnisspielplätze des 21. Jahrhunderts, denn die Möglichkeiten, einen Wald als Abenteuer-Spielplatz in der Nähe zu finden, sind oft gering. Deshalb sollten die „Kinder"-Gärten wirklich kindgerecht gestaltet werden. Es sind doch nur einige wenige Jahre, in denen die grüne Oase für die Kinder zum Paradies werden soll.

Für die intelligenten Faulen ist das eine große Chance: Sie schaffen in einer ersten Phase das Grundgerüst mit Bäumen, Sträuchern, Wegen und Sitzplätzen. Dazwischen bleibt dann viel Platz zum Spielen — ob in einer Sandgrube (siehe S. 63) oder bei einem kleinen „Kinder"-Bachlauf, bei dem der Staumauerbau nicht verboten ist.

Sandspielen in der Sandgrube: Wenn nicht gespielt wird, ist die Fläche ein wunderschönes Gestaltungselement.

Abenteuer pur

Das spannendste im Garten ist vielleicht das Indianerspielen – selbst heute noch. Freilich muss dafür der Garten die passende Kulisse bieten. Und auch hier gilt wiederum: Lassen Sie den Kindern den Freiraum, auch wenn das eine oder andere Gehölz einen Ast einbüßt. Ideal zum Indianerspielen sind „Urwaldecken" mit Waldsträuchern. Im Unterschlupf dieser Sträucher lässt es sich hervorragend verstecken. Achten Sie nur auf eines: In den Bereichen, wo Kinder spielen, sollten keine Sträucher mit gefährlichen Dornen oder Stacheln stehen. Sanddorn, Schlehen, aber auch Rosen haben in diesem Bereich nichts verloren. Gefährlich kann bei kleinen Kindern auch die Eibe werden. Sie ist nämlich besonders giftig. Passend für einen solchen Indianerspielplatz ist ein Weiden-Wigwam. Im zeitigen Frühjahr werden lange Weidenruten geschnitten, die im Garten dann in die Erde gesteckt und zu einem Zelt geformt werden. Die Weiden treiben rasch aus und schon nach wenigen Monaten ist ein wachsendes Kinderhaus entstanden.

Aus einer Sandgrube wird zuerst der Lieblingsspielplatz und dann ein Beet für speziell darauf abgestimmte Pflanzen.

ERST SANDGRUBE, DANN GRÄSERGARTEN

So praktisch Plastik-Sandkisten sind, Kinder lieben es doch mehr, wenn sie selbst gestalten können.

Und so wird eine Sandgrube errichtet:
Am besten von einem Minibagger ausgegraben, wird das Erdloch zunächst mit Vlies ausgekleidet und dann mit Sand aufgefüllt. Ist nach einigen Jahren die Lust am Sandspielen vorbei, wird dieses Stück Garten entweder der Natur überlassen und es werden sich auf den Sandflächen für Sandstandorte charakteristische Pflanzen wie die Königskerzen breit machen. Oder man wählt eine Gestaltung mit Gräsern.

Kletterpflanzen zur
Hausbegrünung

In Städten ist „Grün" oft Mangelware. Es gibt kaum Platz für größere Bäume, daher bieten sich nur die Begrünung einer Fassade oder ein grünes Dach als Ausweg an.

Grün in der Stadt hat viele Vorteile: Es schafft ein angenehmes Kleinklima, weil im Sommer zu starke Aufheizung verhindert wird und im Winter der grüne Mantel wie ein Wärmepolster wirkt.

Viele Hausbesitzer sind in Sorge, dass der Verputz, wenn sie Kletterpflanzen setzen, nach kurzer Zeit kaputt geht. Diese Befürchtungen sind völlig unbegründet. Eine intakte Fassade wird durch Kletterpflanzen, egal welche, nicht geschädigt. Eine Fassade, deren Verputz bereits brüchig ist, wird allerdings durch eine Kletterpflanze sicherlich in Mitleidenschaft gezogen.

Efeu, Kletterhortensien und auch der Wilde Wein „kleben" sich mit Haftwurzeln oder Haftscheiben an die Wand. Entgegen einer verbreiteten Meinung holen die Pflanzen aber keine Feuchtigkeit aus der Mauer. Die „Haftwurzeln" sind nur für den Halt

zuständig, die Versorgung erfolgt ausschließlich über Bodenwurzeln.

Mehrjährige

Blauregen *(Glyzinie, Wisteria)*
Schlingpflanze mit wunderschönen Blüten. Sie benötigt einen sonnigen Standort. Kaufen Sie nur veredelte Sorten, sie blühen rascher. Der Blauregen benötigt eine Kletterhilfe. Achtung: Die Äste haben enorme Kräfte und können sogar Dachrinnen zerdrücken.

Efeu *(Hedera helix)*
Der Efeu ist eine der anspruchslosesten Pflanzen. Er gedeiht in der Sonne genauso wie im Schatten. Efeu klettert mit Haftwurzeln. In den ersten Jahren eher langsam, nach einigen Jahren aber sehr kräftig. Er bleibt den Winter über grün und bietet vielen Vögeln eine Nistmöglichkeit.

Geißblatt *(Lonicera caprifolium)*
Das Geißblatt ist ein Schlinggewächs, das zur Blütezeit (Mai bis Oktober) einen betörenden Duft verströmt. Es

benötigt einen sonnigen bis halbschattigen Platz und Spanndrähte zum Ranken. Vor allem Pergolen lassen sich gut mit ihm bewachsen.

Kletterhortensie
(Hydrangea petiolaris)
Die Kletterhortensie wächst im Halbschatten und liebt durchlässigen, humusreichen Boden. Zunächst wächst sie langsam, später aber ziemlich kräftig. Besonders hübsch sind die großen, duftenden, tellerförmigen Blüten. Für Rankhilfen sind Kletterhortensien dankbar.

Kletterrosen
Da gibt es viele dutzend Sorten. Sie benötigen einen sonnigen Platz mit viel humusreicher Erde. Die Triebe müssen festgebunden werden, auch ein Rückschnitt ist immer wieder erforderlich. Eine besonders wuchskräftige und robuste Sorte ist 'New Dawn'. Sie trägt kleine, duftende, weiße bis zartrosa Blüten und blüht mehrmals bis November. Diese Rose ist auch nicht allzu empfindlich, was den Rückschnitt betrifft. Selbst der Schnitt mit einer Heckenschere wird von älteren Exemplaren

Der Wilde Wein überwuchert mit der Zeit alles, was sich ihm entgegenstellt. Im Herbst sorgt er für ein Feuerwerk der Farben. Der Efeu hingegen bleibt rund ums Jahr grün und dämpft im Sommer die Hitze und im Winter die Kälte.

problemlos verkraftet. Weitere empfehlenswerte Sorten: 'Blaze Superior' – scharlachrot, 'Golden Showers' – gelb, 'White Cockade' – weiß, oder die besonders wuchskräftigen Sorten wie 'Wedding Day' – weiß und 'Bobby James' – ebenfalls weiß.

Knöterich
(Polygonum/Fallopia aubertii)
Der Knöterich ist der eifrigste und schnellste Kletterer. Er benötigt eine Rankhilfe und ist schon nach kurzer Zeit nicht mehr zu bremsen. Innerhalb weniger Monate bildet er einen Sichtschutz oder deckt eine unschöne Wand zu.

Waldrebe *(Clematis spec.)*
Die Waldrebe gibt es in unzähligen Sorten. Von der heimischen, die nur kleine Blüten besitzt, bis zu den zahlreichen Züchtungen, die teilweise Blüten mit bis zu 15 cm Durchmesser haben, reicht die Palette. Die Waldrebe will einen sonnigen Platz (aber nicht zu heiß) und stellt

einige Ansprüche an den Boden. Er sollte humusreich, feucht und kühl sein. „Kühl" bedeutet, dass keine direkte Sonne auf den Wurzelbereich scheinen darf. Dies kann durch eine Bepflanzung des Wurzelbereichs durch Bodendecker erreicht werden. Auch ein Abdecken mit Mulch ist möglich.

Wilder Wein (Parthenocissus)

Der Wilde Wein gilt als eine der beliebtesten Kletterpflanzen. Er ist recht anspruchslos und wächst rasch und kräftig. Empfehlenswert ist die Sorte 'Veitchii', die mit selbstklimmenden Haftscheiben ohne jede Kletterhilfe auskommt. Die Art „quinquefolia" braucht in den ersten Jahren Drähte zum Ranken. Besonders schön ist beim Wilden Wein die Herbstfärbung.

Winterjasmin
(Jasminum nudiflorum)

Er ist ein außergewöhnliches Gewächs, denn ab Dezember erscheinen an den langen, dünnen Trieben gelbe Blüten. Der Winterjasmin erreicht eine Höhe von etwa zwei Metern und muss immer wieder angebunden werden. Als Standort sind sowohl sonnige, als auch halbschattige Plätze möglich. An den Boden stellt dieser „Winterblüher" keine besonderen Ansprüche.

Einjährige

Duftwicke (Lathyrus odoratus)
Ein warmer, sonniger Standort und ein Maschendraht als Klettergerüst genügen, und die Duftwicke wird ihre Blüten öffnen. Die Blütezeit geht von Juni bis September. Bei Vorkultur auf der Fensterbank beginnt sie auch schon früher zu blühen.

Feuerbohne (Phaseolus coccineus)
Ein dankbarer und schneller Kletterer, der durch seine leuchtend roten Blüten auch sehr dekorativ wirkt. Blütezeit: Juli bis September. Die Früchte sind gekocht köstlich. Aussaat nach den Eisheiligen. Ein sonniger bis halbschattiger Platz ist ideal. Spanndrähte genügen als Kletterhilfe.

Japanischer Hopfen
(Humulus scandens)
Eigentlich ist der Hopfen gar keine „einjährige" Kletterpflanze, denn er treibt jedes Jahr aus der Wurzel aus. Die Wuchskraft ist enorm: 4–6 m hoch wachsen die Ranken bei guter Pflege. Die Blüte beginnt im August. Ein halbschattiger Platz mit humusreicher, nährstoffreicher Erde ist ideal. Als Rankhilfe genügen Spanndrähte.

Kapuzinerkresse (Tropaeolum spec.)
Eine besonders leicht zu ziehende Kletterpflanze, die allerdings einige Unterstützung benötigt, damit sie „rankt". Am einfachsten ist eine Wandbegrünung mit Kapuzinerkresse, wenn zuvor ein Maschengitter gespannt wurde. Dann hält sich diese dankbare und blühwillige Pflanze bis zum Oktober. Ausreichendes Gießen – besonders in einer Kübelbepflanzung – ist wichtig.

Prunkwinde (Ipomoea tricolor)
Ob Prunkwinde oder Trichterwinde, beide sind recht anspruchslos und sorgen den ganzen Sommer über mit ihren großen Trichterblüten für eine wunderschöne Wandbegrünung. Als Kletterhilfe benötigen sie entweder einen Spanndraht oder ein Maschengitter, dann wachsen sie bis zu drei Meter hoch. Günstig ist es, wenn die Winden ab April auf der Fensterbank vorkultiviert werden.

Schwarzäugige Susanne
(Thunbergia alata)
Bis zu zwei Meter hoch wächst die Schwarzäugige Susanne. Ihren Namen verdankt sie ihrer besonderen, orangefarbenen Blüte, in deren Mitte sich ein schwarzer Punkt befindet. Eine Vorkultur auf der Fensterbank ist empfehlenswert. Als Standort ist ein sehr warmer und

Die Schwarzäugige Susanne ist eine dankbare und schnellwüchsige Kletterpflanze.

geschützter Platz ideal, dann hält die Blüte bis zum Oktober an.

Das grüne Dach

Grüne Dächer sind nicht nur schön anzusehen, sie verbessern auch das Kleinklima.

Wer meint, das „grüne Dach" sei eine Erfindung unserer Zeit, irrt: Schon vor fast 3000 Jahren schufen die Griechen die „Hängenden Gärten der Semiramis". Sie waren so beeindruckend, dass man sie zu den sieben Weltwundern der Antike zählt.

Beeindruckend sind aber auch heute die Gartenlandschaften, die so manche Städter in luftiger Höhe zaubern. Wichtig ist, wie bei Balkon- und Terrassengärten, die Überprüfung der Bausubstanz: Reicht die Statik des Hauses aus? Ist genügend Isolierung vorhanden? Besteht durch die Bepflanzung eine Gefahr für darunter liegende Wohnungen oder Passanten?

Der Vorteil einer Dachbegrünung liegt auf der Hand: Die Bepflanzung hält einen Großteil des Regenwassers zurück und gibt es nur langsam an die Umgebung ab.

Damit werden Höchstbelastungen von Kanälen und damit Kläranlagen verhindert und die Stadtluft durch die höhere Luftfeuchtigkeit verbessert. Begrünte Dachflächen wirken auch wie ein Staubfilter: Der Wind streift über die Pflanzen und lässt den Staub zurück.

Freilich ist ein Dach ein extremer Standort, daher eignen sich nicht alle Pflanzen dafür, es gibt aber zahlreiche Gewächse, die diese unwirtliche Umgebung verkraften.

Eine extensive Dachbepflanzung: trockenheitsliebende Stauden

Ein bepflanztes Dach wirkt wie eine Isolationsschicht: Im Sommer hält es die Hitze ab, im Winter die Kälte.

Ein Farbenrausch in luftiger Höhe: Wie ein Gemälde präsentiert sich dieses bepflanzte Dach.

Tipp

Aus normaler Gartenerde lässt sich mit Sand und Torf eine Dachgarten-Erdmischung herstellen. Das Mischverhältnis: 4 Schaufeln Erde, 4 Schaufeln Sand und 2 Schaufeln Torf. Als Abdeckung sollte Rindenmulch, oder noch besser Rindenhumus etwa 5 bis 10 cm hoch aufgetragen werden. Damit ist sichergestellt, dass die Verdunstung verringert wird und Unkraut keine Chance hat.

So wird ein „grünes Dach" aufgebaut

Aus einem kiesbedeckten Flachdach lässt sich (nach Prüfung der Statik) ganz leicht eine grüne Oase machen. Der Kies wird entfernt (er dient nur dem Schutz vor direkter Sonnenbestrahlung auf die Dichtungsschicht) und auf die eigentliche

Wasserisolierschicht eine etwa 1 mm starke wurzelfeste Folie aufgelegt. Sie muss verschweißt werden, damit die kräftigen Wurzeln später nicht die Isolierung durchbohren. Auf diese Wurzelfolie kommt ein Vlies (als Schutz vor scharfen Steinen), dann eine Dränageschicht. Es kann dafür Tongranulat (z. B. Blähton) verwendet werden. Darauf kommt wiederum ein Vlies, damit keine feinen Erdteilchen in die Dränschicht gespült werden können. Nun folgt die eigentliche Erd- bzw. Substratschicht. Man kann dafür die im Handel angebotenen speziellen Mischungen verwenden oder sie selbst herstellen.

Erdsubstrat

Trennvlies

Dichtungsfolie

Schutzvlies

Unterkonstruktion

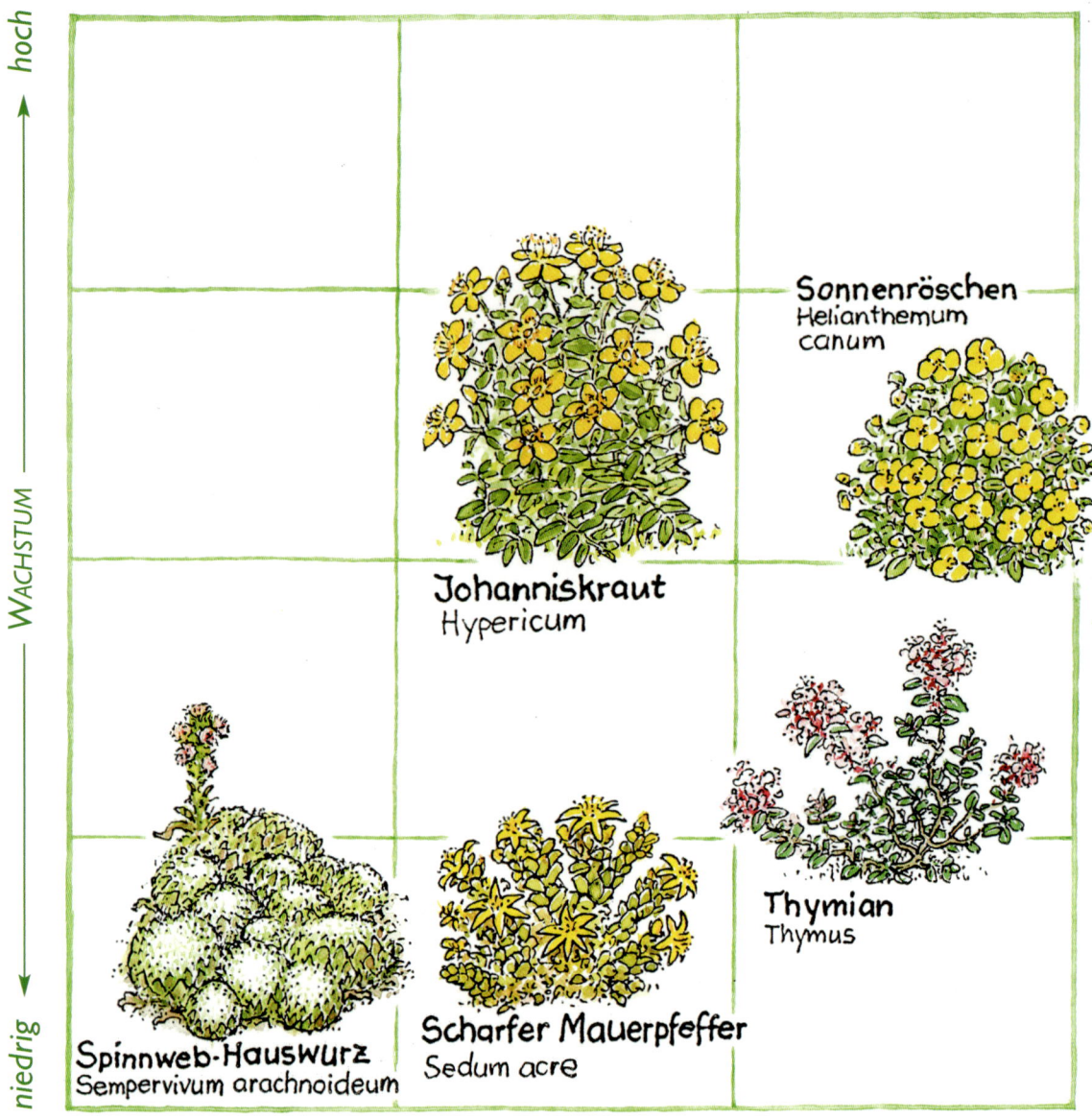

Die Pflanzen für grüne Dächer

hoch

WACHSTUM

niedrig

Sonnenröschen
Helianthemum
canum

Johanniskraut
Hypericum

Thymian
Thymus

Spinnweb-Hauswurz
Sempervivum arachnoideum

Scharfer Mauerpfeffer
Sedum acre

Pflanzen, die auf Dächern wachsen, müssen besonders robust sein. Die Tabelle zeigt einige (wenige) Sorten, die – abgestuft nach Höhe – ein Dach für ein ganzes Jahr zu einer einzigartigen Gartenlandschaft machen. Ist ein Dach einmal (richtig) bepflanzt, so macht es kaum mehr Mühe. Denn viele dieser Gewächse sind wahre Hungerkünstler. Über viele Tage und Wochen hinweg benötigen sie keine Pflege. Sie leben nur von

Silbergras
Corynephorus
canescens

Felsennelke
Petrorhagia saxifraga

Zwergglockenblume
Campanula
cochleariifolia

Silberdistel
Carlina acaulis

Dach-Hauswurz
Sempervivum
tectorum

hoch

WACHSTUM

niedrig

der dünnen Schicht Humus und der natürlichen Feuchtigkeit, sei es in Form von Regen oder auch bloß in Form von Tau. Manche der Pflanzen haben einen ungestümen Drang, sich auszubreiten. Wer hier intelligent beobachtet, wird bald bemerken, dass sich durch Samenflug an den Standort angepasste Pflanzengemeinschaften bilden.

Kompost

**– ganz ohne Mühe –
bringt Erntesegen**

Die (beinahe) selbsttätige Erdfabrik

Die beste Komposterde entsteht, wenn die organischen Abfälle möglichst bunt gemischt aufgeschichtet werden — nicht zu klein häckseln, denn sonst kommt es durch Sauerstoffmangel zu Fäulnis und Geruchsbelästigung.

Was ist nicht über das richtige Kompostieren schon gesagt und geschrieben worden! Kein Gartenvortrag, bei dem nicht möglichst kompliziert der Aufbau eines Komposthaufens und das Mikroleben darin geschildert werden. Viele geben da gleich auf und lassen die wertvollen organischen Stoffe aus Garten und Haus entweder wegbringen oder an ungeeigneter Stelle dahinfaulen.

Dabei ist es so einfach: Für die kleine Erdfabrik ist ein halbschattiger Platz auf gewachsenem Boden ideal. Eine nicht zu kleine Fläche abseits des Hauses, aber doch in zentraler Lage, verhindert später beim Gartenarbeiten lange beschwerliche Wege. Eine kleine Hecke oder ein nicht allzu großer Baum sind gute Nachbarn.

Dort fühlen sich die Kompostwürmer und Bakterien wohl und arbeiten rasch an der Umsetzung der Stoffe. Keinesfalls darf der Komposthaufen in der prallen Sonne oder an einer Stelle aufgerichtet werden, die nicht abtrocknet.

Im Handel werden die unterschiedlichsten Arten von Kompostbehältern angeboten. Diese Kompostsilos sind vor allem in kleineren Gärten eine Platz sparende Möglichkeit zur Humuserzeugung.

Intelligente Faule verzichten aber darauf: Wenn nur etwas mehr Platz im Garten ist, wird der Kompost so aufgeschichtet, als entstünde ein Hochbeet — bunt gemischt, versteht sich. Denn das ist das Geheimnis der schnellen Verrottung.

Schritt für Schritt zum Kompost: *Nach etwa einem Jahr ist die Komposterde fertig.*

Sie brauchen kaum Hilfsmittel: weder Häcksler, noch Kompoststarter oder Wurfgitter; auch mühsames Umgraben ist nicht nötig.

Die größten Fehler beim Aufbau eines Komposthaufens passieren, wenn das Material zu klein gehäckselt wird und daher im Kompost nicht verrottet, sondern fault. Daher wird bei mir alles (holzige) Material bis zur Stärke eines Daumens unzerkleinert auf den Kom-post geworfen, bunt gemischt mit all den anderen organischen Abfällen aus Garten und Haus.

Ein Beispiel für „problematischen" Abfall ist Rasenschnitt. Kommt er in einer Schicht von mehr als 20 cm auf den Kompost, beginnt das Material in der ersten Phase nicht zu verrotten, sondern zu gären. Gestank und Hitze sind die Zeichen dafür, dass etwas „faul" ist. Ein Komposthaufen, der richtig aufgeschichtet wird – mit holzigem und damit trockenem Material, gemischt mit feuchtem und meist grünem Abfall, wird nicht stinken. Vielmehr beginnt unmittelbar die Umwandlung der Stoffe in Humus.

ALLES FÜR DEN KOMPOST:

AUS DEM GARTEN:
Laub, Rasenschnitt, abgeschnittene Blütenstauden, Stroh, Jätgut, Pflanzenabfälle, Äste, Rasensoden, Sägespäne, Reisig

AUS DEM HAUS:
alte Erde aus Blumentöpfen und Balkonkästen, Schnittblumen,

Wollreste, Federn (nur in geringen Mengen), Haare, Wolle (Schaf- oder Baumwolle)

AUS DER KÜCHE:
Gemüse und Obstreste (auch Orangen-, Zitronen-, Bananenschalen), Kaffee- und Teefilter; ACHTUNG: niemals gekochte

Abfälle wie Kartoffeln, Nudeln, Reis aber auch Knochen und Fleischreste auf den Hauskompost geben – die Folge wäre Rattenbefall!

ZUSCHLAGSTOFFE:
Düngekalk, Algenmehl, Gesteinsmehle, Hornspäne

Kürbisse sind die idealen Schattierpflanzen für die Kompostmiete. Setzen Sie die Pflanzen jedoch immer unten an den Rand des Komposthaufens, so werden nur die ausgewaschenen Nährstoffe von den „hungrigen" Pflanzen aufgezehrt.

KOMPOSTHAUFEN MELDEN PROBLEME SOFORT:

Ist der Inhalt grau, war das Material zu trocken und zu locker aufgeschichtet – statt Erde findet man nur staubiges Innenleben vor.

Ist der Inhalt faulig, feucht und stinkt, wurde das Material zu stark zerkleinert. Der Häcksler war wieder einmal zu oft im Einsatz und in der Fäulnis ist alles Leben erstickt.

Abhilfe in beiden Fällen: Sofort den Haufen neu aufsetzen und je nach Problem mit viel trockenem oder viel nassem Material mischen. Die Natur bügelt die Fehler aus, es muss nichts weggeworfen werden!

Futter für die Kompost-Helfer

Das Wichtigste beim richtigen Kompostieren ist die „Fütterung" der Mikroorganismen. Humus kann nur dann entstehen, wenn sie gut mit Nährstoffen versorgt werden. Daher ist es unbedingt nötig, dass von Zeit zu Zeit tierische, stickstoffreiche Materialien auf den Kompost kommen, sei dies als Rindermist oder bloß in Form mehrerer Hand voll Hornspäne.

Zu guter Letzt kommt von Zeit zu Zeit eine „Haut" über den Kompost. Am besten ist dafür der meist in großen Mengen anfallende Rasenschnitt geeignet. Im Laufe eines Gartenjahres entsteht so ein buntes Gemisch aus allen möglichen Abfällen. Im Frühjahr wird noch einmal „gedüngt" – also der Komposthaufen mit Hornspänen oder Rindermist bedeckt – ehe eine dicke Lage Rasenschnitt den Abschluss bildet. Nun ruht der Haufen bis September. Dann kann der dunkle, nach Walderde riechende Kompost bereits geerntet werden. Die wenigen größeren Äste, die noch nicht verrottet sind, werden beim Befüllen der Schubkarren auf den zweiten Komposthaufen geworfen und sind dort gleich „Impfstoff" für eine besonders rasche Verrottung.

Wofür wird Komposterde verwendet?

  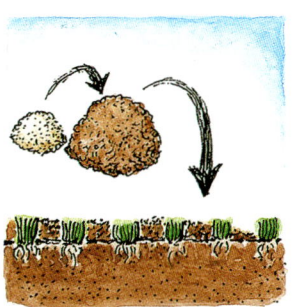 

Rezept gegen Moos im Rasen

Moos im Rasen ist für manche Gartenbesitzer ein Horror – andere finden es wieder bequem, weil weniger Gras wächst. Für alle, die sich ärgern, hier ein Patentrezept:
Kompost ist eine Kraftnahrung für Boden und Pflanzen. Deshalb ist er auch bestens geeignet, lästiges Moos im Rasen zu entfernen. Schneiden Sie den Rasen ab etwa Mitte April sehr kurz und vertikutieren Sie anschließend möglichst tief. Dabei wird ein Großteil des Mooses entfernt. Anschließend mischen Sie gesiebte Komposterde mit Quarzsand oder scharfem Flusssand im Verhältnis 2:1, also zwei Teile Kompost und ein Teil Sand. Diese Mischung wird etwa zwei bis vier Zentimeter stark auf dem Rasen aufgestreut.
Es entsteht ein unerfreulicher Anblick, doch nach kurzer Zeit beginnt der Rasen kräftig zu wachsen und verdrängt das Moos. Durch den Sand wird der Boden durchlässiger, was Mooswachstum ebenfalls verhindert.

Fertige Komposterde duftet nach „Walderde" und sollte so rasch wie möglich verwendet werden. Wird sie gelagert, muss sie vor Regen geschützt werden, der die Nährstoffe ausschwemmen würde. Ausgereifte Komposterde kann das ganze Jahr über zu den Pflanzen gegeben werden.

Auf Gemüsebeete kommt der Kompost entweder im Herbst, noch besser aber erst im Frühjahr. Niemals sollten mehr als ein bis zwei Zentimeter Kompost aufgetragen werden, denn selbst beim organischen Düngen kann man zuviel des Guten tun.

Tipp

Komposterde darf niemals „pur" als Substrat verwendet werden. In Blumentöpfen sollte der nahrhafte Humus nur etwa ein Viertel der Gesamtmenge ausmachen, gemischt mit Standardgartenerde aus der Packung, Sand und etwas Lehm (Gartenerde oder noch besser Maulwurfserde).

DER KOMPOST-TEST

Um zu testen, ob Komposterde reif ist, kann man eine Keimprobe durchführen. Kressesamen reagieren rasch auf noch schädliche Substanzen. Keimt die Kresse dicht und grün, ist die Erde fertig. Fallen viele Samen aus, sind die Blätter gelblich grün oder verfaulen, muss der Kompost noch nachreifen.

Lebende
Pflanzendecken

Ab jetzt wird gemulcht!

DIE UNKRAUTBREMSE

Lästige Wurzelunkräuter wie Giersch, Quecke und Winden sind oft besonders schwierig zu bekämpfen. Im Faulenzergarten wird es so gemacht: Im Bereich von Bäumen und Sträuchern, z. B. bei den Johannisbeeren, kommt auf die Erde eine Lage Kompost. Darauf wird dicker Pappkarton gelegt, der mit Rindenmulch abgedeckt wird. Die wenigen Blätter, die noch die Mulchschicht durchdringen, werden abgerissen. Nach einem Jahr ist der Karton verrottet und die Unkräuter sind fast vollständig vernichtet.

Ist das nicht eine tolle Idee? Einfach die Erde mit Rasenschnitt, Rindenmulch oder anderem organischem Mulchmaterial bedecken, nicht mehr jäten, gießen und trotzdem besonders gesunde Pflanzen haben.

Dieser Trick ist von der Natur abgeschaut – ein kleiner Spaziergang beweist es. Der Wald liefert eine perfekte Demonstration: Auf der Erde liegen Blätter, Nadeln und Äste und „schützen" den Boden. Unter dieser Mulchschicht findet man lockere, feuchte und humusreiche Erde – als hätte ein Gärtner tagelang und mühevoll den Boden bearbeitet.

Dabei waren nur die „Haustiere" des intelligenten Faulen aktiv – die Regenwürmer: Sie lockern die Erde und produzieren Wurmhumus und damit Dünger. Genau das erreicht der Hobbygärtner auch im eigenen Garten, wenn der den Boden bedeckt, also mulcht.

Damit wird gemulcht:

- **Grasschnitt, Strohhäcksel, Laub** unter Hecken

- **Blätter von Beinwell und Tomaten** Beim Ausgeizen fallen im Sommer große Mengen an.

- **Brennnessel-Blätter** sind eine besonders „gesunde" Bodenbedeckung. Keine blühenden und Samen tragenden Brennnesseln verwenden.

- **Rindenmulch** ist ideal bei Bäumen, Sträuchern, unter allen Beerensträuchern, Azaleen und Rhododendren, weil er eine saure Bodenreaktion auslöst. Nicht im Gemüsegarten!

- **Rindenhumus oder Rindenkompost** ist ideal bei allen flach wurzelnden Pflanzen – auch im Gemüsegarten!

Wurzelunkräuter unter Bäumen oder Sträuchern werden mit dickem Verpackungskarton und einer Schicht Rindenmulch abgedeckt – die einfachste und bequemste Unkrautbremse.

Tipp

ACHTUNG BEI SCHNECKEN UND WÜHLMÄUSEN!

Ist Ihr Garten eine Heimstätte von Schnecken und Wühlmäusen, so ist beim Mulchen Vorsicht geboten:

- *Niemals zu dicke Mulchschichten aufbringen. Die Devise: öfter, aber dünner.*

- *Mulchmaterial vor dem Ausbringen antrocknen lassen.*

- *Mulchschicht bei Bäumen nie direkt bis zum Stamm aufbringen – Wühlmäuse könnten sonst die Baumwurzeln kahl fressen.*

- *In Gärten mit Wühlmäusen über den Winter keine Mulchdecken liegen lassen.*

101

Mulch:
der Wassersparer

Das Bedecken des Bodens ist die beste Möglichkeit, Wasser zu sparen und gleichzeitig die lästige und langwierige Gießarbeit zu reduzieren. Von großer Bedeutung ist dabei allerdings der Zustand des Bodens: Nur humusreiche Böden sind in der Lage, Wasser auf Dauer zu speichern. Daher sollte der intelligente Faule den Boden jedes Jahr mit Kompost versorgen und erst anschließend mulchen. Damit erreicht man eine Humusstruktur, die in der Lage ist, Nährstoffe und Feuchtigkeit über viele Tage und Wochen zu speichern.

NOCH EIN TRICK!

Wasser dringt am besten in den Boden ein, wenn der Luftdruck fällt. Beachten Sie aber die Wettervorhersage – fallender Luftdruck bringt oft auch Regen ...

Weiches Wasser im doppelten Sinn

• KEIN SCHARFER WASSERSTRAHL

Für Pflanzen und Wurzeln ist es schlecht, wenn die scharfe Schlauchdüse die Erde verschlämmt oder gar die Wurzeln freilegt. Besser ist es, eine Brause zum Gießen zu verwenden. Große Flächen lassen sich auch bequem mit einem Rasenberegner wässern, der allerdings mindestens drei Stunden eingeschaltet bleiben sollte.

• KEIN KALK IM WASSER

Weiches Wasser bedeutet geringen Kalkgehalt. In vielen Gegenden ist kalkhaltiges Wasser ein großes Problem. Nicht nur für die Haushaltsgeräte, sondern auch für viele Pflanzen: Alle Zitrus-Gewächse und Moorbeetpflanzen vertragen kalkhaltiges Wasser schlecht und reagieren mit vergilbenden Blättern.

So wird richtig gegossen

Jedes Jahr dasselbe: Zuerst wird über den Regen gejammert – und dann über die Hitze!

HÄUFIGE GIESSFEHLER:

• Am Morgen gießen verringert die Gefahr von Pilzkrankheiten und Schneckeninvasion.

• Niemals die Blätter „abwaschen" – die Erde soll feucht werden.

• Regenwasser oder angewärmtes Leitungswasser verwenden – besonders für Kübelpflanzen.

• Im Garten alle 3–4 Tage kräftig gießen – mindestens 10–20 Liter pro Quadratmeter.

• Mulchdecken bei großer Hitze verstärken.

Mulch:
die Unkrautbremse

Mulchen spart Arbeit – vor allem bei der Unkrautbekämpfung. Damit war auch der Siegeszug für den Rindenmulch gelegt, der seit Anfang der 80-er Jahre die Gärten füllt. An sich ein hervorragendes Mulchmaterial – wenn Qualität und Einsatzbereich stimmen. Überall dort, wo tief wurzelnde Pflanzen wie Bäume und Sträucher stehen, ist das Mulchen mit Rindenmulch perfekt – bei allen Flachwurzlern, wie im Gemüsegarten oder im Staudenbeet, hat die Rinde nichts verloren – sie bremst das Wachstum.

Rinde als Unkrautbremse

Rinde wirkt auf zweierlei Art gegen Unkraut: Einerseits aufgrund der darin enthaltenen Gerbsäure, andererseits durch ihre holzigen Teile. Diese verrotten langsam, wozu die Mikroorganismen Stickstoff benötigen – der Pflanzennährstoff Nummer eins. Daher wird die oberste Bodenschicht abgemagert und das Pflanzenwachstum stark gebremst.

Wie oft mulchen?

• MIT RINDE

Je gröber die Rinde ist, desto seltener muss gemulcht werden. Nadelholzrinde (Lärche, Kiefer oder noch besser Pinie) hält am längsten. Qualität ist hier oft eine Preisfrage. Daher sollte man gerade beim Rindenmulch nicht unbedingt zum billigsten Angebot greifen. Noch dazu besteht bei manchen (besonders billigen) Produkten, die importiert werden, Gefahr durch Holzschutzmittel, wie sie manchmal in der osteuropäischen Forstwirtschaft zur Abwehr von Holzschädlingen verwendet werden.

• MIT RASENSCHNITT

Normalerweise genügt das Aufstreuen des Rasenschnitts alle drei bis vier Wochen. Nur bei extremer Hitze sollte die Mulchschicht verstärkt werden, denn sonst kann es sein, dass Unkraut durch das vertrocknete Gras dringt.

Himbeer-Beete lassen sich leicht unkrautfrei halten – Karton und Rindenmulch helfen dabei.

So wird richtig gemulcht

- Zuerst Unkraut entfernen.
- Mulch nur auf gelockertem Boden verteilen.
- Bei vielen Wurzelunkräutern, wie Giersch, Quecke und Winde, zuerst einen Karton auflegen und darauf mulchen.
- In den ersten Tagen nach dem Mulchen kontrollieren, ob Wildkräuter durchwachsen. Notfalls die Blätter entfernen und Mulchdecke verstärken.

Mit Mulch:
mehr Leben und Nährstoffe

Der Boden ist die „Lebensschicht" auf der Erde. Ohne die 20 Zentimeter Humus gäbe es kein Pflanzenwachstum und damit auch keine Nahrung für uns Menschen. Daher sollten wir der obersten Erdschicht unsere besondere Aufmerksamkeit zukommen lassen. Im Großen wie im Kleinen: Ist das Bodenleben in Ordnung, ist auch im Garten viel weniger zu tun.

HUMUS – DAS GEHEIMNIS

Blättert man in alten Gartenbüchern, zeigt sich, dass dem Boden eine ganz große Bedeutung beigemessen wurde (siehe auch „Umgraben – nein, danke!"). Das Mulchen oder Bodenbedecken, das sich die intelligenten Gärtner von der Natur abgeschaut haben, ist eine Rückkehr zu diesem alten Wissen. Mit der Erfindung des Kunstdüngers wurde dieses Wissen in den Hintergrund gedrängt und erst in den letzten Jahren hat man erkannt, dass früher manches bequemer war.

Die Natur als Vorbild

In der Natur gibt es kaum nackte, unbedeckte Erde. Nehmen wird doch nur ein Baugrundstück als Beispiel: Kaum sind die Erdhügel planiert, zeigen sich schon die ersten Blattspitzen – meist vom Klatschmohn. Innerhalb von ein paar Wochen ist das Stück Land begrünt und damit vor zu viel Sonne, Regen und Wind geschützt. Der Gärtner macht dies nach: Brachflächen werden sofort bepflanzt (siehe „Bodendecken" und „Lebende Pflanzendecken").

Intelligentes Düngen

Die ausgewogene Versorgung der Pflanzen mit Nährstoffen ist eine der wichtigsten Aufgaben im Garten. Dabei gibt es zwei unterschiedliche Möglichkeiten: die organische und die mineralische Düngung.

• ORGANISCHE DÜNGUNG

Nicht die Pflanzen werden „gefüttert", sondern das Bodenleben – mit Kompost, Hornspänen, Gründüngung etc. Der große Vorteil: Die Nährstoffe werden von den Mikroorganismen im Boden je nach Temperatur gebildet. Dabei entsteht ein krümeliges, Wasser speicherndes Substrat.

• MINERALISCHE DÜNGUNG

Bei der Verwendung von Kunstdünger – das ist ein mineralischer Dünger – werden die Nährstoffe den Pflanzenwurzeln in konzentrierter Form zur Verfügung gestellt. In manchen Situationen scheint dies sinnvoll. Große Mengen an Dünger gehen aber verloren und werden ungenutzt ausgewaschen. Wer mineralisch düngen will, sollte die neuen Langzeitdünger verwenden, deren Nährstoffabgabe über mehrere Monate anhält.

Bodendecken – womit?

Rindenmulch – besonders preisgünstig

Rindenmulch ist ein praktisches Mulchmaterial – es ist relativ preisgünstig, gut zu lagern und unterdrückt das Unkraut durch seinen Gerbsäure-Anteil. Aber auch die Stickstoff bindende Wirkung des Mulchs verhindert das Wachstum von Pflanzen in seiner Umgebung. Daher beschränkt sich die Verwendung der Rinde allerdings auf Bereiche mit tief wurzelnden Pflanzen.

VERWENDUNG: Ideales Mulchmaterial bei Hecken, Bäumen und anderen Gehölzen. Auch im Bereich von Himbeeren, Brombeeren und Heidel- und Stachelbeeren hat sich die Rinde hervorragend bewährt. Vor dem Aufbringen von Rinde sollte unbedingt Kompost und/oder ein organischer Langzeitdünger aufgestreut werden.

Rindenhumus – die kompostierte Rinde

Rindenhumus oder Rindenkompost, wie er häufig auch genannt wird, ist die praktische Ergänzung zur unverrotteten Rinde. Er ist feiner in der Struktur und frei von Stoffen, die das Wachstum bremsen. Die Unkraut verdrängende Wirkung beruht also nur darauf, dass das Material relativ hoch auf den Boden aufgetragen wird.

VERWENDUNG: Rindenhumus ist in allen Gartenbereichen einsetzbar. Durch seinen deutlich höheren Preis sollte er aber gezielt dort eingesetzt werden, wo die normale Rinde nicht verwendet werden kann: Im Gemüsegarten, im Stauden- und Blumenbeet – also überall dort, wo die Pflanzen flache Wurzeln haben und durch Gerbsäure geschädigt würden.

Rindenhumus

Holzfaser

Holzfaser – die leichte Alternative

Seit einigen Jahren sind Holzfasern („Aktiv-Faser") als Mulchmaterial erhältlich. Die Fasern werden aus Fichtenholz hergestellt und teilweise mit Konservierungsmitteln aus der Lebensmittelindustrie behandelt. Damit wird die Verrottung etwas gebremst. Die feine Faser vernetzt nach dem ersten Anfeuchten und bildet ein dichtes Gewebe, das Unkrautwachstum und zu rasches Austrocknen verhindert.

VERWENDUNG: Holzfasern lassen sich im gesamten Gartenbereich als Mulchmaterial einsetzen, sind allerdings höher im Preis. Wie jedes Holzmaterial bindet auch diese Faser beim Verrotten Stickstoff. Daher sollte auf ausgewogene Düngung geachtet werden.

Holzhäcksel – die selbst gemachte Alternative

In vielen Gärten lässt sich dieses Mulchmaterial in großen Mengen herstellen – gibt es doch genug Äste, die alljährlich entfernt werden müssen. Ein Häcksler, den man auch von einem Gartenverein leihen kann, macht aus den Holzstücken das Häckselgut.

VERWENDUNG: Holzhäcksel ist als Wegbelag hervorragend geeignet. Auch unter gut eingewurzelten Hecken und Bäumen ist dieses Mulchmaterial geeignet. Überall sonst bewirkt das Holz aber sehr starken Stickstoffabbau und damit ein deutlich gebremstes Wachstum der gemulchten Pflanzen.

Sägespäne – billig, aber problematisch

Sägespäne sind meist besonders preisgünstig erhältlich. Man muss allerdings auf gute Qualität achten, die absolute Reinheit garantiert. Aus Tischlereien kommen nämlich oft Sägespäne, die mit Lacken, Leim oder Kunststoffen verunreinigt sind.

VERWENDUNG: Für Sägespäne gilt, was für Holzhäcksel gesagt wurde: nur bei tief wurzelnden Pflanzen verwenden, denn der Stickstoffabbau im Boden ist hoch.

Rasenschnitt

Rasenschnitt – das bequeme Mulchen

Rasenschnitt fällt in den meisten Gärten in solchen Mengen an, dass er am Komposthaufen zum Problem wird. Daher ist das Mulchen mit Rasenschnitt nicht nur eine ideale Entsorgungsmöglichkeit – Rasenschnitt ist auch als Mulchmaterial für alle Bereiche geeignet.

VERWENDUNG: Rasenschnitt kann direkt so verwendet werden, wie er im Grasfangsack des Rasenmähers anfällt. Ein Antrocknen des Rasenschnitts ist nicht notwendig, sogar nachteilig, weil das Mulchmaterial dann nicht kompakt zusammentrocknet, sondern vom Wind verblasen wird. Gerade beim Rasenschnitt sollte die Mulchschicht nicht zu dick sein, sonst kommt es zu Fäulnis. Frisch aufgetragen sind zehn Zentimeter ideal – nach dem Antrocknen werden daraus meist um die fünf Zentimeter.

MULCHMATERIAL IST HALTBAR

Ob Rindenmulch oder Holzhäcksel, Holzfaser oder Sägespäne – alle diese Mulchmaterialien sind praktisch unbegrenzt haltbar, wenn man sie vor Regen geschützt aufbewahrt. Beim Kauf von abgepacktem Mulchmaterial sollte man daher darauf achten, dass die Säcke trocken gelagert wurden. Feucht gewordenes Mulchmaterial ist zwar nicht schädlich, es kann aber zu Geruchsbelästigung kommen. Außerdem geht die Verrottung viel rascher vor sich und die Unkraut hemmende Wirkung nimmt ab.

Laub – das herbstliche Mulchen

Laub fällt – vor allem in älteren Gärten mit großem Baumbestand – in solchen Mengen an, dass es kaum noch zu entsorgen ist. Ein Teil davon findet sicherlich als Mulchmaterial hervorragende Verwendung.

VERWENDUNG: Unter Hecken und Bäumen bildet es genau die natürliche Atmosphäre, die Pflanzen und auch Tiere (siehe „Die Arbeitssparer") benötigen. Beachten Sie die Art des Laubes – Laub von Buche, Ahorn, Birke und allen Obstbäumen ist dazu geeignet. Blätter von Eiche, Nussbaum und Kastanie (siehe „Tipp") eignen sich nur in geringen Mengen und da am besten gemischt mit anderem Laub als Mulch.

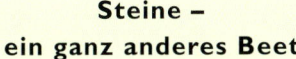

Tipp

Kastanienlaub sollte bei Befall der Kastanien-Miniermotte nicht kompostiert und schon gar nicht als Mulchmaterial verwendet werden. Die Motte überwintert nämlich im Laub und befällt die Bäume immer wieder. Am besten ist die Entsorgung über eine Müllverbrennung – Gemeinden geben diesbezüglich Auskunft.

Das fliegende Laub

Mit Laub lässt sich auf natürliche Weise mulchen. Probleme macht allerdings manchmal der Wind. Daher wird Laub am besten mit einer dünnen Schicht Komposterde (oder auch Holzhäcksel oder Rindendekor) abgedeckt. Der Wind kann es dann nicht mehr wegtragen und eine dicke Humusschicht entsteht.

Steine – ein ganz anderes Beet

Kies und Steine als Mulchmaterial sind in unseren Breiten nicht üblich. Im Süden dagegen sind sie zur Bodenbedeckung besonders beliebt. Vor allem dunkle Steine fungieren im Frühjahr als Wärmespeicher und erlauben zeitigen Anbau. Kompliziert ist freilich die Bodenbearbeitung. Das Material darf nicht eingestochen, sondern muss zuvor abgerecht und dann wieder neu aufgetragen werden.

VERWENDUNG: Überall dort, wo Beete mit südlichem Charakter angelegt wurden, ist Kies als Mulchmaterial geeignet. Alle trockenheitsliebenden Pflanzen, wie winterharte Kakteen, Dachwurz und Sedum-Polster, sind für solches Mulchmaterial dankbar. Meist ist es notwendig, ein Unkrautvlies darunter aufzulegen, um das Durchwachsen von Wildkräutern zu verhindern.

Ehe Steine als Mulchmaterial aufgebracht werden, wird der Boden gut vorbereitet: Erde mit Kies und Sand vermischen und damit durchlässig machen.

Lebende
Pflanzendecken

Nicht nur „totes" Material ist zum Abdecken geeignet – wie in der Natur kann eine dichte Pflanzendecke ebenfalls den Boden und damit die Humusschicht schützen. Dabei ist aber zu beachten, welche Licht- und Bodenansprüche die Pflanzen stellen.

Efeu – das ewige Grün

Einer der dankbarsten Bodendecker im Schatten und Halbschatten ist der Efeu *(Hedera helix)*. Innerhalb relativ kurzer Zeit wird der Boden von einem dichten Laubschirm abgedeckt. Man sollte auf großblättrige Arten achten, da diese wuchsfreudiger sind. Es gibt aber hunderte Arten – eine Fundgrube für Liebhaber.

VERWENDUNG: Unter Hecken in kleinen „Wäldern", in typischen Schattengärten. Besonders hübsch sind frühjahrsblühende Zwiebelblumen, die zwischen den Efeu gepflanzt werden.

Immergrün – robust und zäh

Das Immergrün *(Vinca minor)* ist eine jener Pflanzen, die selbst dort noch wachsen, wo sich bereits ein dichter Wurzelfilz von Bäumen und Sträuchern gebildet hat. Neben den bekannten blau blühenden Arten gibt es auch weiß blühende Sorten und solche mit panaschierten Blättern.

VERWENDUNG: An schattigen Stellen als Unterpflanzung von Gehölzen bringt das Immergrün eine saftig grüne Laubdecke. Die Pflanzen nehmen den Laubfall und das herbstliche Aufstreuen von Kompost hin und wachsen bereitwillig weiter.

Das Scharbockskraut (Ranunculus ficaria) – ganz oben – bildet im Frühjahr dichte Teppiche aus Blättern und Blüten und zieht dann ein. Immergrün (Vinca minor) – Mitte – und viele Storchschnabelarten (Geranium spec.) – unten – bleiben das ganze Jahr grün.

Blumenzwiebeln als Frühlingsgruß

Als Unterpflanzung von Gehölzen sind alle frühjahrsblühenden Blumenzwiebeln eine Augenweide. Besonders geeignet sind: Winterling, Schneeglöckchen, Botanische Krokusse, Wildtulpen, Blausternchen und die aus England bekannten „Blue Bells", die Blauglöckchen.

Um Wirkung zu erzielen, sollten die Mengen großzügig bemessen werden. Da dann das Einpflanzen großen Aufwand bedeutet, hier ein Trick: in einem großen Kübel die Zwiebel mischen und dann möglichst unregelmäßig auf die Pflanzfläche streuen.

Anschließend mit einer etwa 10 cm starken Kompostschicht abdecken und mit Mulch bedecken. Die Zwiebeln richten sich im Laufe der Jahre in die richtige Position und blühen ohne weiteren Pflegeaufwand.

GRÜNE BODENDECKER – EINE AUSWAHL

• • •

Günsel *(Ajuga reptans)* – einmal Günsel, immer Günsel: Die Wuchsfreude dieses Bodendeckers ist beinahe nicht zu bremsen. Im Übergang zum Rasen kann er sogar mit dem Mäher kurz gehalten werden.

• • •

Elfenblume *(Epimedium spec.)* – die kriechenden Wurzeln nehmen rasch große Flächen ein. Es sind weniger die Blüten als das Laub, das diese Pflanzen zu einer beliebten Unterpflanzung von Gehölzen macht.

• • •

Storchschnabel *(Geranium spec.)* – für jeden Standort gibt es den passenden Storchschnabel: ob Sonne oder Schatten, ob feucht oder trocken. Ein besonders robuster und dekorativer Bodendecker.

• • •

Lungenkraut *(Pulmonaria spec.)* – das Frühjahr beginnt mit einem enormen Blütenreichtum. Vor allem unter Laubgehölzen ist diese Pflanze typisch.

• • •

Golderdbeere *(Waldsteinia spec.)* – ob Trockenheit oder viele Konkurrenzwurzeln – dieser Bodendecker hält alles aus. Die kleinen, gelben Blüten sind ein Lichtblick im Schatten.

• • •

Haselwurz *(Asarum europaeum)* – glänzende, nierenförmige Blätter mit unscheinbaren Blüten.

• • •

Maiglöckchen *(Convallaria majalis)* – bildet dichte Teppiche an nicht zu schattigen Stellen. Achtung, sehr giftig!

• • •

Scharbockskraut *(Ranunculus ficaria)* – neigt zum Wuchern, ist aber nur im Frühling zu sehen. Nach dem Abblühen ziehen die Pflanzen ein.

Bunt gemischt

... ist halb gearbeitet!

So wirkt die
Mischkultur

Jeder kennt das schönste Mischkultur-Beet der Natur: die Blumenwiese. Und sie wächst nicht so, wie ein Gärtner sie wahrscheinlich angelegt hätte. Eine Reihe Margariten, daneben eine Reihe Glockenblumen und dann noch eine Reihe Kuckucksnelken … Die Natur kennt eben keine Monokultur und das nimmt sich der Faulenzergärtner zum Vorbild: Überall wird in Zukunft alles bunt gemischt gepflanzt, denn Pflanzen leben gerne in Gemeinschaft, Harmonie und Vielfalt auf engstem Raum und stärken einander dabei. Vorbild ist die Blumenwiese, im Nutzgarten ebenso wie im Ziergarten.

Pflanzen nehmen nicht nur Stoffe aus dem Boden auf, sondern geben auch Stoffe ab. Denken Sie doch nur an den starken Geruch von Knoblauch. Ob nun ätherische Öle oder auch Düngestoffe, die „Nachbarn" ziehen daraus einen Nutzen. Die Abgabe ätherischer Öle einer Pflanze kann Schädlinge vertreiben: Zwiebelgeruch passt der Möhrenfliege überhaupt nicht und so setzt der Naturgärtner neben eine Reihe Zwiebeln eine Reihe Karotten.

Umgekehrt passen aber auch manche Pflanzen nicht zusammen: Karotten können z.B. Erbsen nicht ausstehen.

Es gehört schon ein wenig Erfahrung und Mut dazu: Viele Pflanzen suchen sich im Garten selbst ein angenehmes Plätzchen. Ob Königs- oder Nachtkerze, ob Akeleien oder Ringelblumen, ob Vexier- oder Felsennelke, und nicht zu vergessen der Frauenmantel. Eingangs pflanzt der Gärtner sie an einen bestimmten Ort, doch später machen sie sich selbstständig. Im ersten Jahr tauchen sie im Umkreis von einigen Metern auf, doch nach und nach erobern sie den gesamten Garten – allerdings immer genau jene Plätze, die ihnen zusagen. Diese „automatische" Mischkultur ist wohl die bequemste Form – sie kann aber auch lästig werden. Wenn aus allen Beeten plötzlich die Nachtkerzen lachen, wird ein Eingreifen wohl nötig sein.

LAVENDEL UND KNOBLAUCH GEGEN LÄUSE

Ziergarten und Nutzgarten sind nicht streng getrennt: Kräuter stehen in den Blumenbeeten – zum Beispiel im Rosengarten. Lavendel stärkt die Rosen und verringert die Gefahr einer Blattlausinvasion. Anti-Lauswirkung zeigen auch Knoblauchzehen, die im Herbst unter Obstbäume gepflanzt werden.

Bunt gemischt im
Obst- und Gemüsegarten

Keine Angst, bei der Mischkultur kann man nicht allzu viel falsch machen. Probieren geht über langes Studieren. Und Sie werden sehen, wie rasch man Erfahrungen sammelt. Trotzdem einige Faustregeln: Setzen Sie tief wurzelndes Gemüse (Karotten, Schwarzwurzeln, Rettich) zu flach wurzelndem (z.B. Feldsalat, Zwiebeln); rasch wachsende Arten (Radieschen, Kresse, Spinat, Salat) zu langsam wachsenden (Tomaten, Kohl, Gurken). Hauptziel ist es, Schädlinge abzulenken und Nützlinge anzulocken!

Wo viele verschiedene Pflanzenarten durcheinander wachsen, haben Krankheiten und Schädlinge nur geringe Chancen, sich auszubreiten. Pflanzen Sie Kapuzinerkresse auf die Baumscheiben von Obstbäumen. Für Blattläuse ist sie viel attraktiver als die Blätter des Apfelbaums, die so vor ihnen bewahrt bleiben. Schnecken machen zwar vor keiner Pflanze halt; dennoch gibt es manche Blumen und Kräuter, die sie weniger mögen. Wenn Sie Ihren Garten oder ein Beet mit diesen Pflanzen säumen, können Sie die Schneckeninvasion ein wenig bremsen.

In Längsreihen ausgepflanztes Gemüse erleichtert die Bodenbearbeitung im Mischkulturbeet.

Aus Erfahrung gelernt

Zwiebeln und Karotten sind für ihre gegenseitige Nachbarschaftshilfe bekannt: Zwiebeln halten Karotten die Möhrenfliege „vom Leib", Karotten den Zwiebeln die Zwiebelfliege. Oder probieren Sie doch folgende Kombination aus: Tomaten, Kohl und Sellerie. Das ideale Dreiecksverhältnis! Tomaten schützen den Kohl vor dem Kohlweißling; Kohl wirkt im Gegenzug vorbeugend gegen die Blattfleckenkrankheit an Tomaten, ebenso aber auch gegen Sellerierost.

Sellerie bietet zusätzlich Schutz vor dem Kohlweißling.
Bohnen bleiben von der Schwarzen Bohnenblattlaus verschont, wenn sie mit Bohnenkraut kombiniert werden. Fadenwürmer im Boden, so genannte Nematoden, können beispielsweise Erdbeeren oder Kartoffeln zu schaffen machen. Tagetes oder Ringelblumen zwischen die Reihen gepflanzt, halten die Nematoden aus dem Boden fern. Gute Nachbarschaft funktioniert natürlich umso besser, je gesünder die Pflanzen sind und je sorgfältiger man sie anbaut und pflegt.

Gute Nachbarn...

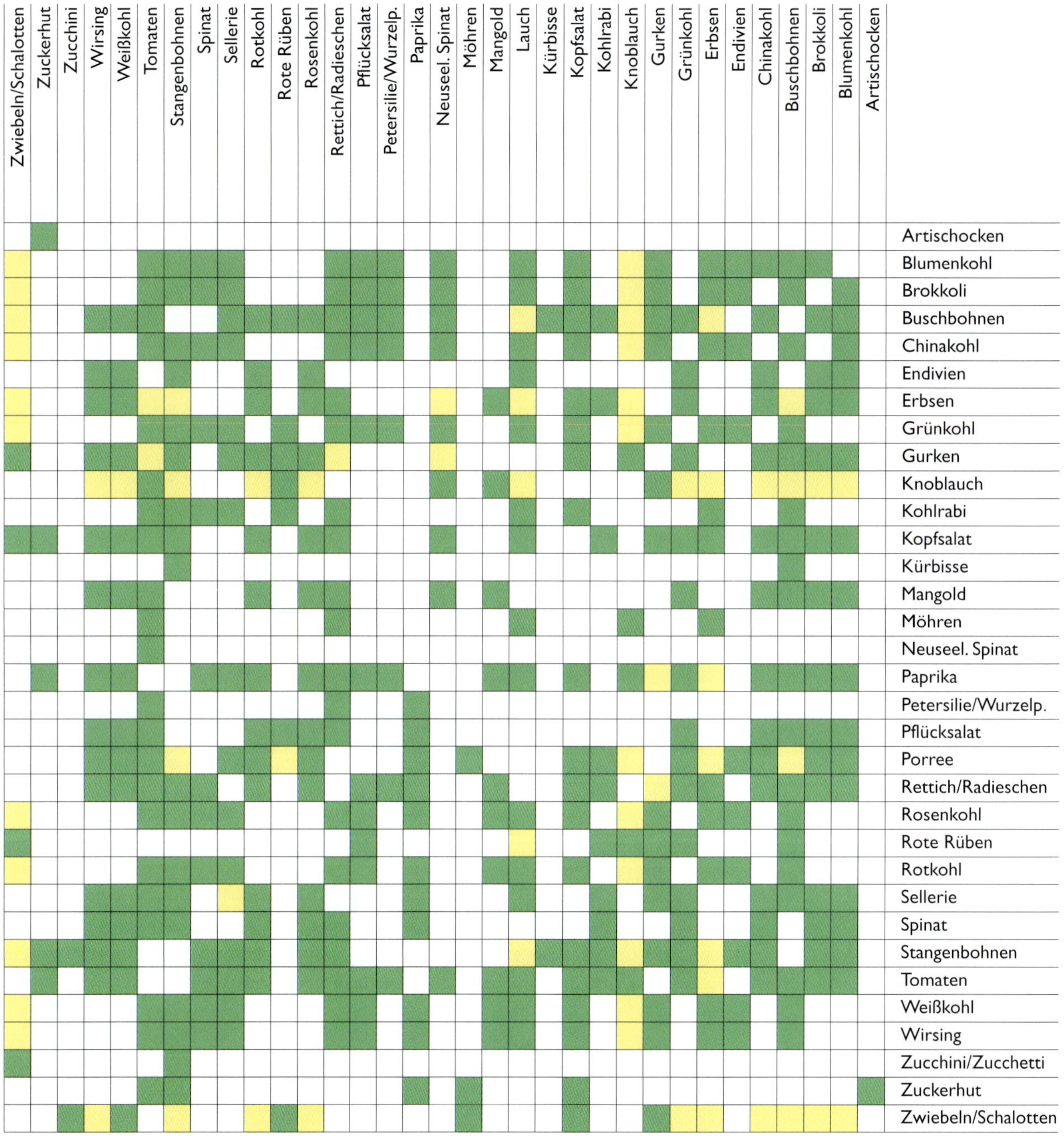

Spalten (von links nach rechts): Zwiebeln/Schalotten · Zuckerhut · Zucchini · Wirsing · Weißkohl · Tomaten · Stangenbohnen · Spinat · Sellerie · Rotkohl · Rote Rüben · Rosenkohl · Rettich/Radieschen · Pflücksalat · Petersilie/Wurzelp. · Paprika · Neuseel. Spinat · Möhren · Mangold · Lauch · Kürbisse · Kopfsalat · Kohlrabi · Knoblauch · Gurken · Grünkohl · Erbsen · Endivien · Chinakohl · Buschbohnen · Brokkoli · Blumenkohl · Artischocken

Zeilen (von oben nach unten):

- Artischocken
- Blumenkohl
- Brokkoli
- Buschbohnen
- Chinakohl
- Endivien
- Erbsen
- Grünkohl
- Gurken
- Knoblauch
- Kohlrabi
- Kopfsalat
- Kürbisse
- Mangold
- Möhren
- Neuseel. Spinat
- Paprika
- Petersilie/Wurzelp.
- Pflücksalat
- Porree
- Rettich/Radieschen
- Rosenkohl
- Rote Rüben
- Rotkohl
- Sellerie
- Spinat
- Stangenbohnen
- Tomaten
- Weißkohl
- Wirsing
- Zucchini/Zucchetti
- Zuckerhut
- Zwiebeln/Schalotten

Legende:

- ☐ (gelb) ungünstig
- ☐ (weiß) neutral
- ☐ (grün) günstig für Nachbarschaftskulturen

Längst hat die Mischkultur in allen Bereichen des Gartens Einzug gehalten. War früher noch die strikte Trennung der einzelnen Pflanzenarten gefragt, so weiß heute jedermann, dass damit schon der Grundstein für Probleme mit Krankheiten und Schädlingen gelegt wird. Die Natur kennt keine Monokultur, deshalb sollten auch die Kräuter in einer Gemeinschaft zusammenleben, in der sie einander auf engstem Raum stärken und auch andere Pflanzen fördern. Ihr kräftiges Aroma fördert das Wachstum der anderen Pflanzen, verhindert aber in vielen Fällen auch den Schädlings- oder Krankheitsbefall.

KNOBLAUCH GEGEN LÄUSE

Unter Obstbäumen solle man schon im Herbst mehrere Knoblauchzehen pflanzen.

RINGELBLUMEN UND KAROTTEN

Ringelblumen und Karotten sind ideale Nachbarn. Gemeinsam sehen sie nicht nur hübsch aus, die Karotten wachsen ganz hervorragend.

DILL ALS IDEALER PARTNER

Dill wächst am besten, wenn er in Nachbarschaft zu Karotten oder Zwiebeln steht.

TOMATEN MIT SUPERGESCHMACK

Sellerie scheint der ideale Nachbar für Tomaten zu sein, die Früchte bekommen einen viel besseren Geschmack.

Bunt gemischt im Kräutergarten

GUTE PARTNER...

Basilikum	– Gurken, Tomaten, Zwiebeln
Bohnenkraut	– Buschbohnen, Kopfsalat, Zwiebeln
Dill	– Gurken, Kohl, Karotten, Sellerie, Tomaten, Zwiebeln
Estragon	– Gurken
Fenchel	– Gurken
Kamille	– Kohl, Radieschen, Sellerie, Zwiebeln
Kapuzinerkresse	– Obstbäume (Baumscheibe), Kartoffeln
Knoblauch	– Gurken, Karotten, Spinat, Tomaten
Kresse	– Radieschen, Kopfsalat
Lavendel	– Rosen
Majoran	– Karotten, Zwiebeln
Petersilie	– Tomaten, Radieschen, Zwiebeln
Pfefferminze	– Kohl, Tomaten (problematisch, weil Tomate wuchert)
Rainfarn	– kleine Hecken um den Gemüsegarten halten Schädlinge ab
Salbei	– Kohl, Bohnen, Karotten
Schnittlauch	– Tomaten, Karotten
Thymian	– Kohl
Zwiebel	– Karotten

SCHLECHTE NACHBARN...

Kapuzinerkresse	– Tomaten
Knoblauch	– Bohnen, Erbsen, Kohl
Petersilie	– Kopfsalat
Rosmarin	– Gurken
Salbei	– Gurken
Schnittlauch	– Bohnen, Erbsen, Kohl, Rote Bete
Wermut	– ist generell ein schlechter Nachbar

Umgraben

– nein, danke!

So lässt man
den Spaten ruhen

Der intelligente Faule lässt andere arbeiten. Einerseits wird der Boden konsequent mit Kompost versorgt, andererseits ständig gemulcht, also mit organischem Material bedeckt. Damit aus diesen organischen Stoffen Humus wird, benötigt man viele Millionen kleiner Helfer – die Mikroorganismen und Bodenbakterien. Eine sehr spezielle Gruppe von Gartenbewohnern, die an ihre Umgebung große Ansprüche stellen – vor allem aber: Ruhe und Ungestörtheit. Deshalb wird im Faulenzergarten nicht mehr so oft zum Spaten gegriffen wie in einem herkömmlichen Garten. Freilich: In der Anfangsphase heißt es: Boden lockern, sonst kommt es zu einer Verdichtung des Erdreichs, was für die Wurzeln der Pflanzen besonders schlecht ist.

Ein Lockern des Bodens ist nur zu Beginn einer Gartengestaltung nötig – später genügen Kompost, Mulch und eine blühende Bodenbedeckung – hier ein Storchschnabel.

Umgestochene Erde ist im Frühjahr sehr feinkrümelig. Damit Regen und Sonne die Erde nicht wieder verkrusten, sollen die Beete sofort mit Kompost versorgt und mit Mulch bedeckt werden.

Lockere, weiche Erde – das ist der Traum vieler Gartenliebhaber. Und so wird umgegraben und umgegraben. Und nach einigen Wochen ist die Erde wieder so fest wie zuvor …

So wird der
Boden gelockert

Mit (rechts) und ohne (links) Mulchen: Wurzeln breiten sich im humusreichen Boden leichter aus — und der Regenwurm lockert den Boden.

Der Naturgärtner lockert den Boden auf folgende Weise: Er sticht eine Grabgabel in die Erde und bewegt den Stiel ruckartig vor und zurück. Etwa alle 15 Zentimeter sollte dies erfolgen. Damit wird die Erde belüftet, gleichzeitig bleiben aber alle Schichten und Bodenorganismen dort, wo sie hingehören.

Nach einigen Jahren des biologischen Gärtnerns kann man ein für den Biogartenbau speziell entwickeltes Werkzeug verwenden, den Sauzahn. Er hat die Form einer Sichel, ist aber aus kräftigem Metall. Dieser Ziehhaken mit einem Gänsefüßchen wird alle zehn Zentimeter diagonal durch die Erde gezogen.

Tipp

EIN HELFER IM GARTEN

Das Haustier des Naturgärtners ist der Regenwurm. Er wurde in früherer Zeit als das „Eingeweide der Erde" bezeichnet, wohl deshalb, weil er abgestorbene Substanzen verspeist und daraus wertvolle Erde erzeugt. Er überlebt nur, wenn er Nahrung hat: Mulchen liefert ihm die nötigen Substanzen.

Kompost:
die Umgrabautomatik

Kaum zu glauben – ein paar Schaufeln Kompost und schon erspart man sich das mühsame Bodenlockern?

Ganz so ist es nicht und nach der ersten Kompostgabe ist der Boden noch nicht locker – aber ein wenig Ausdauer und Geduld genügen, um ein Ergebnis zu sehen: lockere, humusreiche und wohlriechende Erde.

Besonders schwere, tonige Erde benötigt in der Anfangsphase viel Kompost und/oder gut verrotteten Stallmist. Damit wird das Bodenleben aktiviert und der Regenwurm beginnt mit der Arbeit. Sandige, stark durchlässige Erde ist ebenfalls für die längerfristige Kultur ungeeignet – Wasser und Dünger gehen hier im Untergrund verloren, ehe sie von den Pflanzenwurzeln aufgenommen werden können. Daher ist auch hier die Zugabe von orga-

nischem Material nötig. Bewährt hat sich in solchen Böden auch Urgesteinsmehl. Dieses feinst geriebene Gestein ist ein Vitalstoff für den Boden. Mineralien kommen in die Erde und die Düngestoffe werden festgehalten und nicht ins Grundwasser ausgeschwemmt.

BODENBEARBEITUNG FÜR ANFÄNGER

1. *Im Spätherbst den Boden tiefgründig umgraben.*

2. *Erde grobschollig den Winter über liegen lassen, der Frost zerkleinert die Erdbrocken.*

3. *Im Frühjahr Kompost fünf Zentimeter stark auftragen und leicht einarbeiten; gibt es im Garten noch keinen Kompost, dann am besten bei kommunalen Anlagen besorgen.*

4. *Sofort dick mulchen – mit Rasenschnitt, Rindenhumus, Rindenkompost oder Holzfasern.*

Sand:
Da rieselt die Erde

Lehmige, tonige Erde, die nach dem ersten Regen wie ein Schmierfilm rutscht. Erde, die im Frühjahr lange kalt und nass bleibt. Erde, die bei Trockenheit tiefe Risse bildet; die beim Umgraben am Spaten kleben bleibt. All das findet sich in Ihrem Garten?

Dann heißt es zum Telefon greifen und gleich eine Fuhre Sand bestellen: am besten Quarzsand oder scharfen Flusssand.

Etwa 5 bis 10 Zentimeter hoch wird er aufgetragen und dann eingegraben: Ein Kleingartenverein hat sicher eine Fräse zum Verleihen, ansonsten sollte man einen Gartengestalter in der Umgebung engagieren, denn händisch Umgraben ist Schwerstarbeit. Eine Arbeit allerdings, die sich später als ideal für Faulenzer erweist. Denn guter Boden ist das Fundament für einen bequemen Garten.

Und noch ein paar Erdverbesserer

RINDENHUMUS

Rindenhumus – also kompostierte Rinde – ist ebenfalls ein hervorragender Erdverbesserer. Gerade in der ersten Phase, wenn noch nicht so viel Kompost zur Verfügung steht, ist Rindenhumus ein relativ preiswertes Material zur Lockerung des Bodens.

TORF

Torf, in Ballen oder Säcken, ist nur bedingt zum Bodenverbessern geeignet. Zunächst einmal steht der Naturschutzgedanke im Vordergrund, der zum Schutz der Moore aufruft, zum zweiten hat reiner Torf zwei große Nachteile: Er übersäuert den Boden und wird durch seine feine Struktur rasch abgebaut. Daher bleibt die bodenlockernde Wirkung nur für wenige Monate erhalten.

HOLZFASER

Holzfaser wird seit kurzem ebenfalls zur Bodenverbesserung verwendet. Konkret jene Holzfaser, die so behandelt wurde, dass sie nicht so rasch verrottet. Unter dem Namen Toresa ist sie im Handel erhältlich. Diese speziellen Holzfasern zu verwenden ist wichtig, denn wie wir vom Kompost wissen, benötigt normales Holz beim Verrotten viel Stickstoff, den aber unsere Pflanzen zum Wachstum brauchen.

Grüne Bodenverbesserer

In der Natur gibt es keine unbedeckte Erde. Wo genug Humus, Wasser und Licht ist, wird sich innerhalb kürzester Zeit Bewuchs einfinden. Man denke nur an die riesigen Erdhügel bei Baustellen. Kaum vergehen zwei, drei Monate, sind sie mit einem blutroten Mohnteppich überzogen.

Der gärtnernde Mensch macht sich das zum Vorbild und sät deshalb dort, wo er gerade kein Gemüse oder keine Blumen anbaut, eine so genannte Gründüngung. Diese hat den Vorteil, dass die Erde rasch begrünt wird, nicht so schnell austrocknet und bei starkem Regen nicht abgeschwemmt wird. Alle hier aufgelisteten Pflanzen sind einjährig und frieren ab. Im Frühjahr bleibt ein abgetrockneter Filz an Blättern zurück, die nicht (!) entfernt werden dürfen, sondern beim Neuanpflanzen bloß aufgerissen werden. Anschließend wird wieder gemulcht.

DIE HITPARADE DER GRÜNEN BODENVERBESSERER

• • •

Weißer Senf (*Sinapis alba*)
— lockert tief, sammelt Stickstoff und bedeckt den Boden

• • •

Gelbe und Blaue Lupine (einjährige!)
(*Lupinus luteus und angustifolius*)
— tiefe Durchwurzelung und Stickstoffsammler

• • •

Bienenfreund (*Phacaelia tanacetifolia*)
— dichtes Wurzelgeflecht, Bienenweide

• • •

Ölrettich (*Raphnus sativus*)
— bei schweren Böden ideal, da starke Pfahlwurzel

• • •

Perserklee (*Trifolium ruspinatum*)
— Stickstoffsammler und guter Bodendecker

So wird umgestochen –
wenn's unbedingt sein muss

Intelligente, faule und naturnahe Gärtner werden nur in der Anfangsphase zum Spaten oder zur Grabgabel greifen, um den Boden zu lockern. Später, wenn die Erde ausreichend mit Humus versorgt ist, lockern Regenwurm & Co. den Boden.

7 TIPPS ZUM UMGRABEN

1. Wählen Sie zum Umgraben, wenn nur irgendwie möglich, den Spätherbst.
2. Verwenden Sie als Werkzeug eine stabile Grabgabel – am besten aus Edelstahl, sie hält Jahrzehnte!
3. In den Tagen vor dem Umgraben sollte es geregnet haben, ansonsten muss die Fläche gut gewässert werden.
4. Der Boden darf erst betreten werden, wenn sich die Feuchtigkeit soweit verteilt hat, dass keine Erde mehr an den Schuhen kleben bleibt.
5. Frisches Bauland sollte zwei Spaten tief gelockert werden.
6. Die Erdschollen verkehrt herum und unzerkleinert auf die Erde zurücklegen.
7. Nach dem Umgraben die Fläche bis zum Frühjahr nicht mehr betreten.

DAS AUS FÜRS UMGRABEN

Für intelligente Faule ist es leicht zu erkennen, wann Umgraben verzichtbar ist: Sobald im Herbst beim Umstechen die Schollen zerfallen, enthält der Boden genügend Humus und muss nicht mehr gelockert werden.
Dennoch muss das Erdreich in seiner obersten Schicht gelockert werden, denn es gibt für die Pflanzen nichts Schädlicheres als einen verdichteten und damit sauerstoffarmen Boden.

Faule rütteln
an der Gabel

  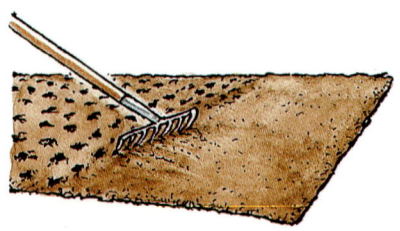

7 TIPPS ZUM BODENLOCKERN

1. Das Lockern des Boden kann jederzeit im Jahr erfolgen.
2. Verwenden Sie dazu ausschließlich eine robuste Grabgabel mit möglichst langen Zinken.
3. Die Erde sollte feucht, aber nicht nass sein – es sollte möglichst geregnet haben oder der Boden gut gewässert worden sein.
4. Keinesfalls darf die Erde betreten werden, wenn sie so nass ist, dass sie noch an den Schuhsohlen kleben bleibt.
5. Stechen Sie die Grabgabel alle zehn Zentimeter vollständig in den Boden ein.
6. Rütteln Sie nun kräftig nach vor und zurück, so dass sich die Erde im Umkreis der Gabel hebt.
7. Beseitigen Sie eventuelle Erdrisse, indem Sie mit einem Rechen oberflächlich den Boden bearbeiten. Dies ist dann besonders wichtig, wenn es im Garten viele Schnecken gibt, die in den Erdritzen Unterschlupf finden.

Tipp

DA HEISST ES AUFPASSEN

Nur scheinbar ist in einem Garten das Erdreich völlig gleich: Hier gibt es mehr Sonne, dort mehr Staunässe und an einer anderen Stelle hat der Bagger bei den Bauarbeiten den Boden stark verdichtet. All das wird man bei der Bodenbearbeitung in den Gemüse- und Blumenbeeten feststellen. Daher nicht generell auf das Umgraben verzichten, sondern wirklich gezielt vorgehen!

Faule ziehen
am Sauzahn

Der Sauzahn – eine der genialsten Erfindungen! Mit so wenig Kraft so viel Arbeit zu erledigen – es könnte ein intelligenter Fauler gewesen sein, der dieses Gartenwerkzeug erfunden hat. Der Sauzahn ist das Werkzeug des Naturgärtners, denn nur dort, wo der Boden mit Kompost versorgt und regelmäßig gemulcht wird, lässt sich dieses Werkzeug verwenden.

... und was ist mit der Gartenkralle?

Dieses Werkzeug ist wahrscheinlich das bestverkaufte und hat auch sehr nützliche Seiten. Vor allem in Gärten mit hohem Humusanteil lässt sich damit der Boden perfekt lockern. Bei zu stark verdichteten Böden ist auch die Gartenkralle nur mit Mühe zu verwenden.

Tipp

SAUZAHN AUS KUPFER

Manche meinen, es sei Hexenspuk – doch Untersuchungen haben gezeigt, dass da wirklich etwas dran ist: Werkzeug aus Kupfer gibt bei jeder Bodenbearbeitung konstant geringste Mengen des Metalls an den Boden ab. Kupfer fördert in so geringen Mengen das Bodenleben und sorgt für gesundes Wachstum.

7 TIPPS ZUM SAUZAHN

1. Das Lockern des Boden kann das ganze Jahr über erfolgen.

2. Verwenden Sie dazu einen robusten Sauzahn (ev. aus Kupfer – siehe Tipp), der an einem kräftigen Holzstiel montiert ist.

3. Die Erde sollte feucht, aber nicht nass sein – es sollte möglichst geregnet haben oder der Boden gut gewässert worden sein; keinesfalls darf die Erde betreten werden, wenn sie so nass ist, dass sie noch an den Schuhsohlen kleben bleibt.

4. Lockern Sie an einer Stelle das Beet zunächst mit der Grabgabel.

5. Beginnen Sie an der lockeren Beetseite mit dem diagonalen Durchziehen des Sauzahnes: Eine Hand drückt am Stiel nach unten, die andere zieht.

6. Alle zehn Zentimeter wird das Beet nun mit dem Sauzahn durchfurcht.

7. Beseitigen Sie eventuelle Erdrisse, indem Sie mit einem Rechen oberflächlich den Boden bearbeiten. Dies ist dann besonders wichtig, wenn es im Garten viele Schnecken gibt, die in den Erdritzen Unterschlupf finden.

Das wichtigste
Werkzeug

Wer einen Garten neu anlegt, der wird wohl als erstes ein Gartencenter, einen Baumarkt oder ein Fachgeschäft für Gartenzubehör aufsuchen. Und dann beginnt das große Rätselraten: Welches Werkzeug benötigt man und vor allem, wie sieht es mit der Qualität aus? Meist ist der Preis das Entscheidungskritierium. Dennoch: Qualitätswerkzeug kostet einfach mehr. Eine etwas größere Investition lohnt sich und spart Ärger.

In großen Gärten lohnen sich elektrische Geräte, in kleineren reichen auch mechanische – genannt seien Rasenmäher oder Heckenschere.

DIE CHECK-LISTE FÜR DIE GRUNDAUSSTATTUNG

- *Spaten und Grabgabel – Edelstahl*

- *Schaufel und Mistgabel*

- *Rechen (Harke) und Laubrechen*

- *Reisigbesen*

- *Rasenmäher*

- *Hacke (Kräuel, Haue, Häunel)*

- *Gartenschere*

- *Gießkanne(n)*

- *Schlauch mit Sortiment Düsen und Kupplungen; ev. Schlauchwagen*

- *Bewässerungsschläuche*

- *Kübel und Körbe*

- *Stäbe und Bindfäden*

- *Heckenschere*

- *Pflanzensprüher*

- *Schubkarren*

- *Sauzahn*

- *Unkrautflämmgerät*

Spaten und Grabgabel

Spaten und Grabgabel zählen zu den wichtigsten Geräten im Garten und sollten daher von hoher Qualität sein. Als Material empfehle ich ausschließlich Edelstahl mit einem kräftigen Holzstiel. Alle anderen Geräte – und davon hatte ich genug – sind spätestens nach einer Saison abgebrochen, vor allem, wenn das Erdreich sehr fest ist. Arbeitet eine Frau mit den Geräten, so ist die „Damenversion" zu empfehlen. Sie ist etwas kleiner und damit leichter zu handhaben.

Ein Stiel – viele Geräte

Das von den Geräteherstellern erfundene Prinzip – ein Stiel für viele Geräte, ist praktisch, doch manchmal auch ärgerlich, ist es doch bei der Gartenarbeit meist so, dass nicht bloß ein Gerät verwendet wird, sondern manchmal zwei oder drei. Hat man nur einen Stiel, heißt es ständig Stielwechseln – und das kostet Zeit. Daher die wichtigsten Geräte unbedingt komplett kaufen – also mit Stiel.

Wasser ist … nicht nur zum Waschen da!

Ohne Wasser kein Leben, vor allem kein Gartenleben. Daher benötigt man schon von Beginn an eine ordentliche Ausrüstung mit Bewässerungsgeräten: Gießkanne – ob Plastik oder Blech bleibt jedem überlassen. Plastik ist leichter. Verzinkte Gießkannen haben aber einfach mehr Charme.

Beim Schlauch weniger auf die Optik als auf die Festigkeit schauen: Wenn nur irgendwie möglich, verwenden Sie einen 3/4-Zoll Schlauch, der transportiert wirklich genügend Wasser – wenn die Gartenwasserleitung nicht zu klein dimensioniert wurde! Als Endgeräte können Sie die Standard-Sortimente verwenden, noch praktischer und langlebiger sind Profigeräte aus Messing: Kupplungen, Brausen und Düsen halten dann gleich mehrere Gärtnergenerationen.

Auch wenn es überrascht: Schlauch und Griffe von Gartengeräten sollten eine möglichst grelle Farbe haben. Einerseits findet man die verlegten Schaufeln und Unkrautstecher schneller, andererseits verhindert die Signalfarbe ein Stolpern über den Gartenschlauch.

Bequem und Wasser sparend: Perlschläuche

Gleich beim ersten Einkauf sollte ein so genannter Perlschlauch im Einkaufswagen liegen. Diese aus Altreifen hergestellten und stark porösen Schläuche sind die Arbeitssparer schlechthin. Gerade nach der ersten Bepflanzung ist das gleichmäßige Gießen wichtig. Mit den in der Mulchschicht vergrabenen Schläuchen, die alle paar Tage einige Stunden eingeschaltet werden, erspart man sich die Gießarbeit.

Schädlinge
und Krankheiten

sanft bekämpfen!

Die Natur
schlägt zurück?

Warum sind in meinem Garten Blattläuse, Schnecken oder diese kleinen roten Käfer an den Lilien? Habe ich sie eingeschleppt? Oder schlägt die Natur zurück?

Nein! Schädlinge sind ein Teil der Natur und die Unterscheidung zwischen schädlichen und nützlichen Insekten hat erst der gärtnernde Mensch getroffen. Daher: **keine Panik!**

Schädlinge und Krankheiten sind jedoch ein Hilferuf der Pflanzen: Das natürliche System, eine ausgewogene Balance zwischen Freund und Feind, ist zusammengebrochen, der gesunde Lebenszyklus unterbrochen. In einer völlig intakten Natur gibt es an sich kein Schädlings-„Problem". Zwar sind auch hier Blattläuse ebenso zu finden wie Mehltau. Die natürliche Wuchskraft der Pflanzen sowie die zahlreichen natürlichen Feinde (wir nennen sie „Nützlinge") sorgen aber für eine ausreichende Dezimierung.

Nicht reagieren, sondern agieren lautet die Devise: Gesunde Pflanzen, die am idealen Standort stehen, gleichmäßig mit Nährstoffen versorgt und regelmäßig gewässert werden, fallen den lästigen Saugern kaum zum Opfer. Marienkäfer & Co. sorgen dafür.

Tipp

Was der Gärtner nicht kennt, das bringt er um!
Ob Käfer oder Raupe, nichts ist vor dem scharfen Auge des Pflanzenliebhabers sicher. Und dabei passieren dann die größten Fehler: Die Marienkäferlarve ist beispielsweise so ein *„schreckliches" Getier. Tatsächlich aber ist gerade diese Larve ein großer Blattlaustiger. Ebenso wie die Florfliege, die im Winter in Treppenhäusern und Dachböden überwintert und oft für eine „ganz gefährliche" Motte gehalten wird.*

Das sind
lausige Zeiten ...

So mancher Gärtner ist angesichts seiner völlig verlausten Pflanzen schon dem Verzweifeln nahe gewesen. Daher gleich der wichtigste Rat vorweg: Ein echter Faulenzer-Gärtner bleibt gelassen, wenn die ersten Läuse auftreten. Sein Garten ist so angelegt, dass viele Nützlinge Unterschlupf finden. Und die sorgen für die nötigen Gegenmaßnahmen.

DIE BLATTLAUS-GEGNER

• • •

Vögel

• • •

Florfliege

• • •

Marienkäfer

• • •

Ohrwürmer

Weitere Maßnahmen bei einer Lausinvasion, die momentan vielleicht nach viel Arbeit aussehen, später aber durch das Schonen der Nützlinge keine weiteren Schädlings-Bekämpfungsmaßnahmen erforderlich machen:

• Blattläuse (z.B. an Rosenknospen) zwischen Daumen und Zeigefinger zerdrücken.

• Blätter mit einem scharfen Wasserstrahl abspülen. Pflanzen mit einer Schmierseifen-Lösung abwaschen und nach einiger Zeit mit reinem Wasser nachspülen. (Vorsichtig anwenden, Nützlinge werden gefährdet.)

• Spritzungen mit Pyrethrum-Mitteln (Pyrethrum ist ein natürliches Gift, das aus den Blüten einer afrikanischen Chrysanthemenart gewonnen wird). Achtung, gefährdet Nützlinge und Bienen!

*Das Ohrwurm-Häuschen –
ein Versteck für die „Blattlausvertilger"*

Auf Bäumen so genannte „Ohrwurm-Häuschen" befestigen. Es sind dies Tonblumentöpfe, die verkehrt herum aufgehängt werden und in die Heu oder Holzwolle gestopft werden. Tagsüber verstecken sich darin die Ohrwürmer, nachts marschieren sie auf Laus-Jagd aus.

Die größte Plage:
Schnecken

Nacktschnecken beim Liebesspiel. So schwer es uns fällt – auch diese Tiere sind Teil der Natur – daher Ruhe bewahren und nichts überstürzen.

Selbst wenn es schwer fällt und man am liebsten sofort mit den stärksten chemischen Mitteln eingreifen möchte: Auch hier gilt es zunächst, Ruhe zu bewahren und die Gegebenheiten im Garten zu prüfen – vor allem, ob es genug Unterschlupf und Lebensraum für Nützlinge gibt.

Schnecken sammeln sich am liebsten dort, wo es feucht und dunkel ist. Daher Bretter auflegen – so können die Tiere und im Herbst auch ihre Eigelege leicht abgesammelt werden.

Tipp

DIE SCHNECKENPOLIZEI

Indische Laufenten sind der Geheimtipp unter den Schneckengeplagten. Freilich haben diese Tierchen zwei große Nachteile: Sie können nur pärchenweise „engagiert" werden. Und sie benötigen einen relativ großen Garten (mindestens 3000–4000 Quadratmeter). In kleineren Gärten lohnt es sich, diese Schneckenvertilger für drei bis vier Wochen zu mieten. Würden sie länger bleiben, wäre der Garten bald ohne Regenwurm und das wäre für den Boden eine Katastrophe.

Noch etwas: Laufenten benützen keine Toilette … Man muss den Kot, der überall zu finden ist, einfach hinnehmen.

Die wichtigsten Abwehrmaßnahmen – Schritt für Schritt:

- Einsammeln (in der Nacht, eventuell Holzbretter auflegen, unter denen sich die Schnecken verkriechen) und mit kochend heißem Wasser überbrühen.
- Pflanzen rund um Beete setzen, die Schnecken nicht riechen können: vor allem Senf und Kapuzinerkresse.
- Sägespäne, Steinmehl und Holzasche rund um gefährdete Pflanzen ausstreuen (hilft nur bei Trockenheit).

- Bewährt hat sich auch ein so genannter Schneckenzaun: Er besteht aus Blechstreifen, die am oberen Ende scharf umgebogen sind. Die Schnecken können dieses Hindernis nicht überwinden. Es gibt übrigens auch schon einen „elektrischen Schneckenzaun". Hier sind in Plastikstreifen blanke Drähte eingefügt, die mit einer Batterie gespeist werden.

Schnecken sind Bierliebhaber

Lange Zeit galt die Bierfalle als das Allheilmittel. Mittlerweile wird sie nur dort empfohlen, wo Beete mit Schneckenzäunen abgegrenzt sind. Sonst lockt sie nämlich zu viele Schnecken an. Bierfallen funktionieren so: Plastikbecher oder Gläser in den Boden eingraben und zu 1/3 mit Bier füllen: Die Schnecken werden durch den Geruch angezogen, rutschen in die Falle und verenden. Als Regenschutz kann man über die Falle einen größeren Becher stellen.

Schneckenkorn – ja oder nein?

Schneckenkorn gilt landläufig als die einfachste Möglichkeit, die lästigen Plagegeister zu beseitigen. Doch herkömmliches Schneckenkorn besteht aus Stoffen, die gemäß neuesten Untersuchungen auch Laufkäfern, Regenwürmern und Igeln gefährlich werden können. In einem österreichischen Test wurde ein auf Eisen-II-Phosphat aufgebautes Mittel als einziges Schneckenkorn mit „gut" eingestuft – vor allem deshalb, weil es keine schädlichen Auswirkungen auf die Umwelt hat.

Probleme und Problemchen
im Überblick

Ein Garten wie aus dem Lehrbuch: bunte Vielfalt – Blumen, Gemüse, Kräuter und Nützlinge in Hülle und Fülle. Da gibt es kaum Sorgen mit Schädlingen.

Ameisenbauten lassen sich im Freien ganz leicht umsiedeln: umgestülpte Ton-Blumentöpfe über die Nester stülpen. Nach einigen Tagen bauen die Ameisen darin das Nest, das sich dann im Wald entsorgen lässt.

Ameisen

Gelten eher als „Lästling", denn als Schädling. Ärgerlich sind sie aber, da sie sich Blattläuse als „Haustiere" halten und manche Arten auch die Wurzeln von Sämlingen anknabbern.

Lavendel, Majoran und Thymian, ebenso wie die Blätter der Tomaten, haben abschreckende Wirkung. Biologische Streumittel, die Geruchsstoffe enthalten und die Ameisen verwirren, haben sich im Außenbereich bewährt. Im Innenbereich sind die ungiftigen Ameisenfallen vorzuziehen.

Drahtwurm

Vor allem im Frühjahr bringt er die Gärtner zur Verzweiflung: Über Nacht liegen die Salatpflänzchen matt und müde auf der Erde. Gräbt man sie aus, findet man im Wurzelballen einen kleinen, orangefarbenen „Wurm", der die Wurzeln abgefressen hat.

Als Nützlinge sind Maulwurf, Spitzmaus und einige Vögel einzustufen. Auch Hühner fressen Drahtwürmer mit Vorliebe - freilich auch die zu schützenden Pflanzen.

Einzige – biologisch – vertretbare Abwehr ist da das Vergraben halbierter Kartoffelstücke: Alle 50 Zentimeter werden sie mit der Schnittstelle nach unten eingegraben. Die Drahtwürmer bohren sich in die Kartoffel und können so leicht abgesammelt werden. Kontrollen sollten alle drei Tage erfolgen.

Engerlinge

In manchen Gegenden sind sie eine echte Plage, anderswo sind sie beinahe unbekannt.

Als Engerling-Vertilger gelten Igel, Maulwurf und Hühner.

Tipp

Häufig findet man in Komposthaufen Engerlinge. Diese Larven des Rosenkäfers sind jedoch nicht schädlich, denn sie fressen nur abgestorbenes Material. Maikäfer-Engerlinge sind nur zu finden, wo es saftige, frische Wurzeln gibt.

Bei der Bodenbearbeitung sollten Maikäferlarven abgesammelt werden. Sie können an Hühner verfüttert oder auf einer Terrasse aufgelegt werden – für die Amseln ein Festmahl!

Kohlweißling

So schön die Kohlweißlinge auch durch den Garten flattern – in einem Beet mit Kohlpflanzen können sie ganz beträchtlichen Schaden anrichten.

Die wirksamste – naturgemäße – Bekämpfung wäre mit Schlupfwespen. In kleineren Gärten ist dies aber kaum nötig. Besser sind hier so genannte Insektenschutznetze oder das Absammeln der Raupen.

Pflanzen Sie die Kohlgewächse in Mischkultur mit Tomaten.

Maulwurfsgrillen

Vor allem in älteren Gärten, die über viele Jahre hinweg mit frischem Stallmist gedüngt wurden, halten sich diese Werren, wie sie auch genannt werden, auf. Sie können ganze Gemüsekulturen über Nacht abfressen und sind eine echte Plage.

Maulwurf, Vögel, Spitzmäuse sind die „Gegner" – alleine freilich sind sie machtlos.

DAHER DER BESTE TIPP:

Im befallenen Bereich alle 30 bis 40 Zentimeter tiefe Marmeladegläser oder Blechdosen bodeneben eingraben.

Als Regenschutz und vermeintliches Versteck für die Tiere ein Brett so auf zwei flache Steine legen, dass es über dem Glas oder der Dose mit einem Spalt von 1 bis 1,5 Zentimetern zu liegen kommt.

Die Tiere suchen bei den nächtlichen Beutezügen Schutz und fallen in die Gläser.

Schildlaus

Die Schildlaus ist der Oleander- und Zitrusschädling schlechthin. Passt das Winterquartier nicht, ist es also zu warm und/oder die Luft zu trocken, heften sich diese Schädlinge in kleinen Plättchen an Blätter, Stängel und Äste. Meist bemerkt man sie erst, wenn der Fußboden unter den befallenen Pflanzen mit einer klebrigen Substanz überzogen ist.

Gegner der Schildläuse sind Marienkäfer und auch Wespen.

Gegen Schildläuse müssen zwei Maßnahmen gleichzeitig gesetzt werden, da sowohl festsitzende Schildläuse als auch umherkrabbelnde Tierchen gleichzeitig vorhanden sind.

1. Die Blattober- und -unterseiten sowie Äste und Stamm der befallenen Pflanze mit einer Schmierseifen-Lösung (etwa zwei bis drei Esslöffel Schmierseife auf einen Liter Wasser) tropfnass einsprühen und einige Zeit einwirken lassen. Danach mit lauwarmem Wasser die gesamte Pflanze abbrausen.

2. Nach dem Abtrocknen mit einem Pyrethrum-Mittel die Pflanze noch einmal behandeln. Damit werden die „wandernden" Schildläuse abgetötet.

Spinnmilben

Wie Schildläuse sind auch Spinnmilben typische „Überwinterungs-Schädlinge". Sie kommen ausschließlich dort vor, wo die Luft sehr trocken ist. Bei höherer Luftfeuchtigkeit verschwinden sie bald wieder.

Spinnen, Marienkäfer, Florfliegen und viele andere Nützlinge sind die Feinde der Spinnmilben, können sie aber bei falschem Pflanzenstandort nicht beseitigen.

Auch alle Spritzmittel – ob biologisch oder chemisch – helfen nur für relativ kurze Zeit, wenn die Standortbedingungen nicht passen. Kleinere Pflanzen lassen sich am einfachsten behandeln, indem sie mit reinem Wasser überbraust in einen großen, durchsichtigen Plastiksack gesteckt werden. In der warmen Jahreszeit kommen befallene Pflanzen in den Regen. Achten Sie aber immer darauf, dass Zimmerpflanzen nicht in die pralle Sonne gestellt werden, das sie sonst Blattverbrennungen erleiden.

Weiße Fliege

Ganze Schwärme dieser lästigen Schädlinge steigen oft auf, wenn man Fuchsien, Tomaten oder auch Rhododendren-Pflanzen berührt.

Weiße Fliegen werden oft beim Kauf von Pflanzen eingeschleppt. Daher sollte man immer die Blattunterseiten kontrollieren und bei Befall einen Extra-Standort wählen, um die Tiere gleich von Anfang an zu bekämpfen.

Normalerweise reicht es aus, wenn bei den gefährdeten Kulturen Gelbfallen aufgehängt werden. Gelbfallen sind gelbe Kunststofftafeln, die mit ungiftigem Leim bestrichen sind. Die Weiße Fliege fliegt auf Gelb und wird gefangen.

Zusätzlich sollten aber Spritzungen mit Schmierseifenwasser (ein Esslöffel auf einen Liter Wasser mit einem Spritzer Spiritus) durchgeführt werden.

Die lästigsten Krankheiten:
Rosenrost, Sternrußtau, Mehltau

Rosenrost und Sternrußtau

Damals, ja damals stand die Rose noch am idealen Platz, aber heute – der Flieder ist zum Riesen geworden, die Birke überragt bereits das Wohnhaus und dazwischen steht die Rose, halb in der Sonne, halb im Schatten, aber ganz und gar nicht auf einem Platz, der ihr zusagt. Rosenrost und Sternrußtau sind typische Krankheiten, die auf einen falschen Standort oder falsche Pflege zurückzuführen sind. Freilich ist dies nicht immer der Fall: Es gibt zahlreiche Sorten, die für diese Krankheiten besonders anfällig sind. Generell aber kann gesagt werden: Je gesünder eine Pflanze ist, desto geringer die Gefahr, dass sie von Krankheiten (und auch Schädlingen) befallen wird.

SPRITZMITTEL AUS DEM GESCHÄFT

Im Handel sind zahlreiche „biologische" Spritzmittel erhältlich. Sie können aber meist nur vorbeugend verwendet werden. Nicht vergessen: die Anwendungsvorschriften des Herstellers genau einhalten. Das berühmte „Schlückchen mehr", damit es „wirklich hilft", schadet Pflanzen und Umwelt.

Mehltau

Befallene Pflanzen sehen aus, als wären sie mit Mehl überstäubt worden – daher wohl der Name.

Beim Mehltau unterscheidet man zwei verschiedene Arten mit unterschiedlichen Ursachen.

Der Echte Mehltau tritt vor allem bei sehr trockenem Wetter, heißen Standorten und starker Stickstoffdüngung auf. Die einfachste Maßnahme: Sobald die ersten Mehltauflecken auftauchen, die Blätter mit der Brause des Gartenschlauches abwaschen. Versuche haben gezeigt, dass das Wasser die Pilzsporen abwäscht und eine Ausbreitung verhindert.

Falscher Mehltau tritt vor allem in sehr feuchten Jahren auf und ist meist an der Blattunterseite zu finden.

Spritzmittel aus dem „Bio-Regal" wirken meist nur vorbeugend, weil es sich um pflanzenstärkende Mittel handelt: Schachtelhalm- und Knoblauchtee fallen in diese Kategorie.

Gerade bei Pilzerkrankungen ist der vorbeugende, vorausschauende Pflanzenschutz besonders wichtig. Dafür helfen Spritzungen mit Schachtelhalm-Brühe. Sie stärken die Abwehrkräfte durch ihren hohen Kieselsäureanteil.

• • •

Häufig wird der beliebte Phlox vom Mehltau befallen. Meist ist der Grund dafür ein sonniger, aber auch sehr trockener Standort. Besser ist es, den Phlox nicht an die Südseite des Hauses sondern an die West- oder Ostseite zu setzen. Dann blüht er zwar um ein, zwei Wochen später, bleibt aber mit Sicherheit vor Mehltau geschützt, da es nicht so heiß wird.

Faul durchs
Gartenjahr

Januar

Kachelofen einheizen, einen Tee zubereiten und genießen – mehr ist eigentlich nicht zu tun. Ach so, Sie wollen unbedingt hinaus in den Garten!

Wenn der Schnee knirscht und das Nasentröpferl friert? Ein sonniger Wintertag, wenn die Temperatur knapp um die Null Grad liegt, ist ideal, um Blütensträucher zu schneiden. Halt! Werden jetzt manche rufen. Blütensträucher, die im Frühjahr blühen, werden nach der Blüte geschnitten, so haben wir das immer gemacht. Vergessen Sie diese Ratschläge! Nach der Blüte ist Hochsaison im Garten und da ist dafür kaum Zeit. Einige der Blütentriebe, die Sie jetzt abschneiden, können Sie ins Haus holen und in der Vase vortreiben – dann kommt der Frühling noch schneller.

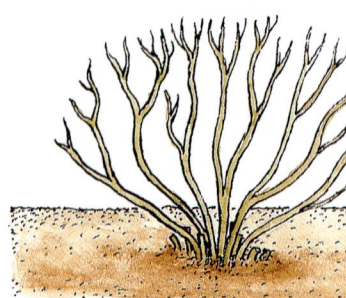

Tipp

SO WIRD 'S GEMACHT

Alte Äste herausschneiden und damit Luft und Licht in die Sträucher bringen. Keinesfalls bloß außen herum die Triebe einkürzen. Der Kugelschnitt ist für Blütengehölze völlig ungeeignet! Die knorrigen Äste sollen etwa 4 bis 6 Jahre alt sein und bodeneben abgeschnitten werden. Entweder mit einer stabilen Astschere oder mit einer kleinen Astsäge. Die kleineren Äste werden ungehäckselt auf den Komposthaufen gegeben, die stärkeren Aststücke können entweder gehäckselt und als selbst gemachter Mulch verwendet werden. Oder – für ganz Faule mit einem großen Garten: einen Totholzhaufen anlegen. Das Holz vermodert und gibt vielen Nützlingen Lebensraum.

Gehölzschnitt – an frostfreien Tagen die ideale Winterbeschäftigung

... UND NOCH EIN PAAR FAULENZERTIPPS, DIE ARBEIT SPAREN!

• *Wer rechtzeitig darüber nachdenkt, was er im Garten heuer alles pflanzen will, der hat dazu nun Gelegenheit. Jedenfalls gibt 's jetzt keinen solchen Stress wie im März oder April, wenn man ratlos durch Gärtnerei oder Gartencenter hastet.*

• *Wenig Arbeit macht jetzt auch die Wühlmaus-Vertreibung: Lärm (Geheimtipp: Schweizerkracher in die Gänge!) oder auch Köder wirken nun viel besser als im Mai.*
• *Haben Sie schon einmal einen verlausten Oleander behandelt? Jetzt ist es sicher einfacher! Daher einen*

kurzen Blick ins Winterquartier der Kübelpflanzen werfen und mit Schmierseifenwasser die Läuse abwaschen. Und wenn Sie schon dabei sind, dann hängen Sie gleich noch eine Gelbtafel gegen die Weiße Fliege auf, sonst haben Sie im Mai große Mühe, sie zu bekämpfen.

Februar

Was? Schon wieder Lust aufs Garteln? Allmählich denke ich, Sie gehören nicht der Spezies der Faulen an! Aber gut: Auch ich bin an sonnigen Februar-Tagen kaum zu halten. Meist bin ich im Gewächshaus zu finden, doch wenn das Wetter es erlaubt, der Boden noch leicht gefroren ist und kein Schnee mehr liegt, dann beginne ich, den Kompost zu verteilen. Die Erde im Komposthaufen ist meistens nicht gefroren und lässt sich so ganz leicht schaufeln. Unter der Hecke, bei den Rosen, im Staudenbeet und natürlich auch im Gemüsegarten kann der Kompost etwa drei bis vier Zentimeter stark aufgetragen werden.

Die frühe Arbeit macht es ziemlich bequem, denn im „wirklichen" Frühjahr stecken im Blumengarten bereits die Zwiebelblumen die Köpfchen heraus und müssten dann mühsam geschützt werden.

An frostfreien, schneelosen Tagen kann selbst im Februar Kompost ausgebracht werden.

... UND NOCH EIN PAAR FAULENZERTIPPS, DIE ARBEIT SPAREN!

• *Erinnern Sie sich noch an letztes Jahr? Ende April war es. Endlich schönes Wetter und Zeit zum Rasenmähen. Und dann: Der Mäher springt nicht an ... Ersparen Sie sich diesen Ärger, jetzt ist die ideale Zeit für das Jahresservice: Öl wechseln, Zündkerzen austauschen und Messer schleifen.*

• *Ein sonniger Spätwintertag ist ideal. Wenn Sie die Balkon- und Kübelpflanzen überwintern, dann müssen Sie sich jetzt um sie kümmern. Sonst war alle Mühe vergebens. Fuchsien, Geranien und Margeritenbäumchen werden nun zurückgeschnitten und an einen wärmeren und helleren Platz gestellt. Einige Tage danach,* wenn sich wieder grüne Triebe zeigen, wird umgetopft.

• *Wer rechtzeitig die Blattläuse an den überwinternden Pflanzen bekämpft, spart sich später viel Arbeit. Aber denken Sie an die vielen Helfer – die Nützlinge, wie Marienkäfer und Florfliegen. Je schonender Sie jetzt vorgehen, desto mehr werden künftig auf Blattlausjagd gehen.*

März

Jetzt sind sie da, die Tage, die nach Frühling „riechen". Jeder wird bestätigen, dass er alljährlich die ersten milden Tage „erschnuppert". Ob nun der Duft von Frühlingsblühern oder der Geruch der sich erwärmenden Erde – die Mischung aus all dem sagt uns: Der Frühling ist da. So, und nun kann es losgehen – ach so, Sie sind ein Opfer der Frühjahrsmüdigkeit! Gut, dann machen Sie es „intelligent". Der Frühjahrsputz im Garten gehört nämlich der Vergangenheit an. Nur ganz behutsam wird – wie schon im Herbst – der Natur unter die Arme gegriffen.

Vom Rasen wird das letzte Laub abgerecht, aber unter der Hecke, den Sträuchern und größeren Bäumen bleibt es liegen. Diese natürliche Mulchschicht ist ein Paradies für Nützlinge – Laufkäfer zum Beispiel, die nur hier überleben und uns mit dem Verzehr der kleinen Schnecken danken!

APROPOS SCHNECKEN:

Wer jetzt einige Fitnessübungen in den Garten verlegt und bei einem Spaziergang immer wieder in die Hocke geht und unter Brettern und Steinen nach diesen unwillkommenen, schleimigen Besuchern Ausschau hält und sie absammelt, hat später weniger Ärger.

Unter Brettern sind sie jetzt zu finden – die Schnecken.

... UND NOCH EIN PAAR FAULENZERTIPPS, DIE ARBEIT SPAREN!

• *Einmal Mühe – viele Jahre Bequemlichkeit: Jetzt ist der beste Zeitpunkt, einen Gartenteich anzulegen. Graben Sie aber nicht selbst, sondern lassen Sie für zwei, drei Stunden einen Minibagger kommen, der die Arbeit im Handumdrehen erledigt.*
• *Die Pflanzzeit für Bäume und Sträucher hat begonnen.*
• *Rosen machen manchmal Mühe. Um sich das Leben leicht zu*

machen, werden die Rosen jetzt abgedeckt, mit organischem Langzeit-Rosendünger versorgt und kräftig zurückgeschnitten. Je kränker die Rosen waren, desto stärker greifen Sie zur Schere, denn dann „wachsen sich die Rosen gesund". Kletterrosen und Strauchrosen werden kaum geschnitten.
• *Gemüsegärten sind freilich nicht so bequem, aber es ist schon toll,*

wenn man den frischen Salat aus dem Garten holen kann. Jetzt ist Pflanzzeit! Am einfachsten säen Sie so genannte Pflücksalate, die können rasch geerntet werden. Auch Radieschen, Erbsen und Zwiebeln benötigen keine Pflege.
• *Wer jetzt Knoblauch zwischen Rosen und Erdbeeren setzt, hat später kaum Mühe mit Krankheiten.*

April

SO WIRD 'S GEMACHT

Verwenden Sie zur Verkleinerung des Wurzelballens am besten eine alte Bogensäge und reduzieren Sie den Ballen um etwa ein Viertel. Wichtig ist es, den äußeren Wurzelfilz zu entfernen.

Mit einem Grubber wird die Erde aufgeraut und mit guter Erde, die keinen oder kaum Torf enthält, in den alten Topf gepflanzt. Kompost, nicht zu wenig Sand, etwas Lehm und Hornspäne sind die ideale Grunddüngung. Später kann noch mit mineralischem Langzeitdünger (Osmocote, Düngerpearls) nachgedüngt werden.

In der ersten Zeit nicht zu viel gießen und vor Frost schützen.

Sie sind auch so launisch wie der April? Gut, dann abreagieren! Beim Umsetzen der Kübelpflanzen ist Kraft angesagt. Wenn Oleander, Yucca & Co. den Topf allmählich sprengen, müssen sie umgesetzt werden. Am geschicktesten ist es, diese Arbeit zu zweit durchzuführen. Einer hält den Topf, der andere zieht an der Pflanze. Hat der Topf einmal die Größe von 50 Zentimetern Durchmesser erreicht, so wird nun nicht in immer größere Pflanzgefäße umgesetzt, sondern der Wurzelballen verkleinert.

Umtopf-Zeit! Bei großen Pflanzen Wurzelballen verkleinern.

... UND NOCH EIN PAAR FAULENZERTIPPS, DIE ARBEIT SPAREN!

• *Wieder ein Aufruf zum Faulenzen: Wenn schon Gemüsegarten, dann gilt folgende Devise: Die Ersten werden die Letzten sein. Nur bei guter Witterung gedeihen die Pflanzen, daher lieber ein wenig Zeit lassen – so bleibt Misserfolg aus.*

• *Einmal Mühe, ein ganzes Jahr Bequemlichkeit: Das Mulchen oder Bodenbedecken verhindert das rasche Austrocknen des Bodens.*

Pflänzchen gedeihen so besser, es gibt kaum Unkraut und der Boden bleibt gleichmäßig feucht. Jetzt wird die Erde mit Rasenschnitt, Rindenhumus, Rindenmulch u.s.w. bedeckt.

• *Manche (einjährige) Sommerblumen sind ideal für Faule: Sie können an Ort und Stelle gesät werden – jetzt ist die beste Zeit dafür.*

• *Selbst wenn wir keinen englischen Rasen wollen, so ist das Vertikutieren (Belüften) doch manchmal ganz zweckmäßig. Der Rasen wächst kräftiger, Moos und Unkräuter werden unterdrückt. Wer nach dem Vertikutieren Sand und gesiebten Kompost einstreut und organisch düngt, hat damit zwar ein wenig Mühe, dafür aber auch ein ganzes Gartenjahr lang keine Probleme.*

Mai

Na, ich sag 's ja – so bequem hatten Sie es bisher gehabt und schon sprießt es bei Ihnen. Ach so – nur das Unkraut! Da gibt es eine Faulenzer-Lösung. Das Mulchen kennen Sie schon, also das Bedecken der Erde mit Rasenschnitt oder Rindenmulch. Bei ganz lästigen Unkräutern, wie Giersch (Erdholler) oder Quecke (Weißwurz) hilft das nur bedingt. Besser ist es, hier mit einer zusätzlichen Maßnahme vorzugehen.

Mulchen unter Bäumen – mit Karton hält es das Unkraut noch besser zurück.

Tipp

Jetzt im Mai kann der Kampf gegen Wurzelunkräuter ganz leicht erledigt und dann für den Rest des Jahres (fast) vergessen werden. Legen Sie auf die betroffenen Flächen einen dicken Pappkarton (wie er z.B. beim Transport von Kühlschränken oder Fernsehgeräten verwendet wird). Bedecken Sie anschließend den Karton mit einer Schicht Rindenmulch, um ihn zu kaschieren. Die Unkräuter ersticken unter dem Karton, bis zum nächsten Frühjahr ist aber auch der Karton verrottet. Einzige Aufgabe fürs Gartenjahr: ab und zu kontrollieren, ob sich nicht irgendwo einige Blätter durchschwindeln. An diesen Stellen die Abdeckung ergänzen oder regelmäßig die Blätter abreißen.

... UND NOCH EIN PAAR FAULENZERTIPPS, DIE ARBEIT SPAREN!

• *Blattlausärger auf Bäumen? Die bequemste Abwehr erfolgt mithilfe eines Ohrwurmhäuschens. Tontöpfe verkehrt herum mit Holzwolle gefüllt auf Obstbäume hängen. Die Ohrwürmer kommen von selbst.*
Wichtig: Der Rand der Töpfe muss Äste oder Stamm berühren, damit die Ohrwürmer aus dem Häuschen zum Blattlausfestmahl ausrücken können.

• *Für jahrelange Freude sollte in diesen Wochen eine Blumenwiese angelegt werden. Je weniger Humus, desto schöner wird die Blumenwiese.*
• *Ärger mit dem nicht blühenden Mandelbäumchen? Dann müssen Sie es jetzt stark zurückschneiden – nur so gibt es im nächsten Jahr wieder Blüten.*
• *Einmal gepflanzt, sorgen Dahlien im Spätsommer für eine ungeheure Blütenfülle. Auch Gladiolen werden nun gesetzt.*
• *Damit Narzissen, Tulpen, Krokusse und alle anderen Frühjahrsblumenzwiebeln im nächsten Jahr wieder blühen, müssen die Blätter so lange erhalten bleiben, bis sie gelb geworden worden sind.*
• *Bei den erholsamen Abendspaziergängen durch den Garten halten Sie nach Schnecken Ausschau. Das hilft im Sommer, Ärger zu vermeiden.*

Tipp

Juni

Die meisten Hobbygärtner lieben es, den Garten zu gießen. Meist mit Gartenschlauch und einer Düse mit scharfem Strahl und (kaltem) Leitungswasser starten sie die Attacke gegen die Trockenheit. Und was wird gegossen? – Die Blätter! So, wie man selbst bei heißem Wetter die Abkühlung liebt, meint man, dass die Pflanzen sie auch lieben! Falsch, falsch, falsch. Pflanzen werden immer von unten gegossen – aber das ausgiebig.

Ausgiebig heißt 10 bis 20 Liter pro Quadratmeter. Wer mit dem Schlauch gießt (nur mit Brause und nicht mit der Düse), kann das ganz leicht erreichen. Bei allen Pflanzen, die gegossen werden müssen, verweilt man so lange, bis man von 20 bis 30 gezählt hat – also gut 10 Sekunden! Dann genügt es, in vier, fünf Tagen wieder zu gießen. Natürlich nur, wenn die Erde gut gemulcht ist, aber das wissen Sie ja bereits.

Der Frühsommer lädt schon so richtig zum Faulenzen ein. In der Hängematte liegen, mit der Seele baumeln – und vielleicht mit dem Gartenschlauch aus dieser bequemen Position die Blumen gießen. Vergessen Sie das: Blumen gießt man „von unten".

Richtig gießen: Nicht die Blätter, sondern der Boden muss ausgiebig gewässert werden.

… UND NOCH EIN PAAR FAULENZERTIPPS, DIE ARBEIT SPAREN!

• Wer keine frei wachsende Wildsträucherhecke angelegt hat, kann nicht bequem in der Sonne liegen, denn Sommersonnenwende ist die richtige Zeit für das Heckenschneiden – die Gehölze bleiben in Form und wachsen nicht so stark weiter.

• Wer seine Balkonblumen nicht nach Bequemlichkeit ausgewählt hat, muss die Pflanzen selbst ausputzen, denn Blüten, die Samen ansetzen, kosten die Pflanze Kraft.

• Mulchdecken immer wieder ergänzen.

• Kräuter machen wenig Mühe und sind die Würze des Gartens – frisch geerntet schmecken sie am besten und Pflege benötigen sie keine.

145

Juli

Sind Sie auch so ein „Schnippsler"? Da geht man ganz gemütlich durch den Garten – natürlich mit einer Schere in der Hand. Und plötzlich wird aus dem Spaziergang eine kleine Rodung … Also nicht übertreiben – Sie wissen ja, wozu Sie sich bekannt haben – zu den „intelligenten Faulen"! Dennoch sollte die Schere jetzt nicht in einer Schublade verrosten, denn Anfang Juli ist Zeit, die Rosen zurückzuschneiden. Alles Abgeblühte muss (meistens) weg (siehe Tipp).

Nicht alle Samenstände nach dem Abblühen abschneiden.

Nach dem Rosenmonat Juni kommt der Juli – und da wird geschnitten. Wie?

Ganz einfach: auf das erste „vollständige" Rosenblatt. „Vollständig" ist ein Rosenblatt dann, wenn es fünf (!) Einzelblätter aufweist. Damit die Rose schön wächst, muss sich dieses Blatt an der Außenseite des Rosenstrauchs befinden, denn dann erwacht das beim Stängel schlafende Auge und treibt nach außen aus.

Aber Achtung: Wenn Sie nicht bloß Edelrosen im Garten haben, sondern viele Alte Rosen, dann erkundigen Sie sich, ob nicht die Hagebutten, die Sie gleich wegschneiden werden, ein wunderschöner Herbstschmuck sind. Bei der Kartoffelrose (Rosa rugosa) oder bei der Hundsrose (Rosa canina) ist das so.

… UND NOCH EIN PAAR FAULENZERTIPPS, DIE ARBEIT SPAREN!

• *Sommerzeit ist Ferienzeit – auch für Gartenfreaks. Wer Umgestaltungen plant, sollte jetzt im Garten in Gartenbüchern schmökern. So lassen sich neue Ideen sofort an Ort und Stelle auf ihre Tauglichkeit überprüfen.*
• *Rasenschnitt als Mulch verwenden – so muss weniger gegossen werden und das Unkraut wächst kaum.*
• *Himbeerruten-Krankheit ist lästig – schneiden Sie alle alten Triebe bodeneben ab.*
• *Gegen Ende des Monats werden die Erdbeerbeete neu angelegt – einmal Mühe, viel Ertrag.*

August

Tipp

SO WIRD 'S GEMACHT

Die Pflücksalate sind geerntet, Radieschen längst verspeist – und Sie haben gar keine Lust, gleich wieder etwas anzupflanzen. Diese Erholungsphase sollten Sie auch Ihren Beeten gönnen. Bauen Sie ganz einfach Gründüngungspflanzen an. Gegen Ende Juli ist der beste Zeitpunkt dafür. Weißer Senf, Bienenfreund, einjährige Lupinen, Ölrettich – das alles sind Pflanzen, die als Saatgut aufgestreut werden und dem Boden zu einer Kur verhelfen.

Die Beete vom gröbsten Unkraut säubern und mit der Grabgabel die Erde lockern, ohne sie umzudrehen. Also die Gabel in den Boden rammen und am Griff rütteln. Dann wird die Mischung aus den zuerst genannten Gründüngungspflanzen aufgestreut. Sie können nicht zu dicht säen, verwenden Sie aber bei einer so zeitigen Aussaat trotzdem nicht zu viel Samen. Sie werden staunen, wie schnell sich die Beete begrünen.

Im Prinzip brauchen Sie bis zum nächsten Frühjahr nichts mehr zu tun. Die Pflanzen wachsen bis zu einem halben oder gar dreiviertel Meter hoch und frieren völlig ab. Im nächsten Jahr wird das dichte Vlies aus abgefrorenen Trieben aufgerissen und die neuen Pflanzen werden gesetzt. Diese Bodenkur ist freilich nicht nur im Nutzgarten anwendbar. In neuen Gärten können damit Beete für die kommende Pflanzsaison vorbereitet werden.

Gründüngung bildet dichtes Blattwerk, das im Winter abfriert.

... UND NOCH EIN PAAR FAULENZERTIPPS, DIE ARBEIT SPAREN!

• *Richtig gießen ist keine Mühe: „Durchdringend" zu gießen bedeutet, dass der Boden zumindest mit 10 bis 20 Litern pro Quadratmeter gegossen wird. Dann ist für drei, vier Tage Ruhe. Gießen sollten*

man an den „Hundstagen" nur am Morgen. Am Abend könnten nasse Blätter von Pilzerkrankungen befallen werden.
• *Rosen gegen Ende des Monats nicht mehr düngen – die Triebe*

müssen ausreifen, um „frostfest" zu werden.
• *Die zweite Welle der Blattläuse geht an Ihrem Garten vorbei – die Nützlinge (Marienkäfer, Florfliege u.s.w.) erledigen das Problem für Sie.*

September

Aus der Sommerlethargie direkt in die Herbstmüdigkeit … So richtig Biss hat jetzt wohl kaum jemand im Garten.
Und doch – ich wette, ich kann Sie locken. Holen Sie doch Perlen aus dem eigenen Garten! Zu Hunderten liegen sie bei Ihnen unter Brettern und Steinen …

Blumenzwiebeln unter Bäumen und Sträuchern – ausstreuen und mit Erde abdecken.

Die weiß-gelblichen „Perlen" sind nichts anderes als Schneckeneier. Jede Schnecke legt pro Jahr rund 200 (!) Eier, die nicht überwintern, sondern aus denen innerhalb weniger Wochen die winzig kleinen Schnecken schlüpfen, die dann in den Erdritzen überwintern. Daher gilt diesen Schneckeneiern nun unsere höchste Aufmerksamkeit. Meist legen die Schnecken die Eier unter Brettern und Steinen ab. Sind aber im Garten größere Erdritzen, findet man sie auch dort. Daher sollte der Boden gut gelockert und dünn gemulcht sein. Bei zu dicker Mulchdecke aus Gras kann man oft auch unter dem angewelkten Rasenschnitt Eier finden. Vernichtet werden sie am besten, indem man sie mit heißem Wasser überbrüht oder einem Landwirt schenkt, der Hühner hält. Für das Federvieh sind Schneckeneier ein Leckerbissen.

… UND NOCH EIN PAAR FAULENZERTIPPS, DIE ARBEIT SPAREN!

• *Wer Rosen im Herbst pflanzt, hat keine Mühe. Im Gegensatz zum Frühjahr braucht man im Herbst kaum mehr zu gießen.*

• *Große Mengen an Abfällen fallen jetzt an. Schichten Sie diesen „Bio-Müll" zu Komposthaufen auf und decken Sie diese mit Grasschnitt* ab. *Gehölzschnitt sollte nicht gehäckselt werden, sonst klebt das Material zu fest zusammen und es kommt zu Fäulnis anstatt zu Verrottung.*

• *Nicht zuviel aufräumen! Schneiden Sie nicht alle Stauden ab, sondern lassen Sie einige über* den Winter stehen. *Viele Vögel finden so über Monate Nahrung.*

• *Krokusse, Schneeglöckchen, Traubenhyazinthen und viele andere Zwiebelgewächse, die im Frühjahr blühen, werden gepflanzt. Nur unter Hecken ausstreuen und 10 Zentimeter Komposterde darüber – fertig.*

Tipp

Oktober

Rosen werden am besten im Herbst gepflanzt: Auch, wenn häufig blühende Rosen im Juni im Topf gekauft und in den Garten gesetzt werden – jetzt ersteht man so genannte „wurzelnackte" Rosen ohne Topf und Erde.

Sie sind erstens preiswert und zweitens leicht zu transportieren. Wurzelnackte Rosen werden vor dem Pflanzen über Nacht in einen Kübel Wasser gestellt, dann die Wurzeln angeschnitten und in ein gut vorbereitetes Pflanzloch gesetzt. Natürlich mit Kompost, Hornspänen und lockerer Gartenerde.

Nicht vergessen: Anhäufeln als Frost- und Verdunstungsschutz.

Schon im kommenden Jahr werden diese Rosen wunderschön blühen.

So, die letzten Monate hatten Sie es wirklich bequem – jetzt aber noch einmal in die Hände gespuckt, denn was nun erledigt wird, muss nicht im Frühjahr getan werden.
Vor allem die Neupflanzung sollten Sie jetzt durchführen: Bäume, Sträucher, Rosen – sie alle wachsen nun besonders gut an und bedürfen im kommenden Jahr kaum zusätzlicher Pflege.

Beschneiden

Setzen der Rose   *Anhäufeln*

Wurzeln anschneiden, vertrocknete Äste abschneiden. Veredelung unter die Erde. Gut anhäufeln und mit Reisig abdecken.

... UND NOCH EIN PAAR FAULENZERTIPPS, DIE ARBEIT SPAREN!

• *Halbreifen Kompost auf Beeten und Baumscheiben verteilen – etwa 3 bis 4 Zentimeter stark. Dann Weißen Senf, Bienenfreund oder einjährige Lupine aussäen. Diese Gründüngungspflanzen halten die Nährstoffe im Boden fest.*

• *Rosensträucher – nicht nur die frisch gepflanzten – werden mit Kompost angehäufelt und gegen Ende des Monats mit Reisig abgedeckt.*
• *Beim Einräumen der Kübelpflanzen die Blattunterseiten*

genau auf Schädlingsbefall überprüfen. Das hilft später, eine explosionsartige Vermehrung zu verhindern.
• *Bei allen Gartenarbeiten immer nach Schneckeneiern Ausschau halten – diese Mühe lohnt sich!*

November

Wer meint, die weiß gestrichenen Baumstämme dienen den Gärtnern zu Orientierung bei der nächtlichen Heimkehr, der irrt gewaltig. Die gekalkten Stämme sind ein Schutzschild gegen zu starken Frost.

An einem schönen, sonnigen Novembertag sollte der Baumanstrich unbedingt aufgebracht werden.

Baumstämme mit weißem Anstrich versehen. Das schützt vor Frostschäden an der Rinde.

Baumanstriche kann man zwar selbst herstellen (Lehm, Kuhfladen, Wasserglas, Kalk, Kräuterauszüge), es lohnt sich aber nicht, denn viele Firmen bieten sie fertig an.

Achten muss man nur auf die Witterung. Der Anstrich hält nämlich nur dann dauerhaft, wenn er an der Rinde abtrocknet.

Also einen schönen Spätherbsttag abwarten und dann die Brühe dick mit einem Rundpinsel auftragen. Einerseits vernichtet der Baumanstrich viele Schädlinge, die in Rindenritzen überwintern, andererseits verhindert die weiße Farbe, dass sich der Stamm bei kräftiger Wintersonne zu stark erwärmt und es dann in der Nacht zu Frostschäden kommt. Dicke Risse an den Stämmen sind oft Zeugnis davon.

... UND NOCH EIN PAAR FAULENZERTIPPS, DIE ARBEIT SPAREN!

• *Vermeiden Sie unnötigen Stress – der erste Frost kommt bestimmt: Daher rechtzeitig alle Wasserleitungen entleeren und Wasserbecken auslassen. Auch Gartenschläuche dürfen nicht „frieren" – sie würden spröde und brüchig werden.*
• *Seien Sie faul und lassen Sie das Laub unter Hecken und Ziersträuchern liegen. Darin finden viele Nützlinge ein warmes Winterquartier. Von Rasenflächen muss das Laub aber unbedingt entfernt werden.*
• *Wenn überhaupt, dann sollte der Gartenteich jetzt ausgeräumt werden: Laub und verwelkte Pflanzenteile werden entfernt.*

Dezember

Tipp

Futterkästen werden am geschicktesten in der Nähe des Eingangs oder der Terrassentür aufgestellt – möglichst hoch genug und so geschützt, dass Katzen nicht herankommen.

Achten Sie beim Kauf des Futterhauses auf ein Modell mit Vorratsbehälter. Als Futter verwenden Sie ausschließlich Körnerfutter – keinesfalls altes Brot oder andere Speisereste!

Gewürzte und vor allem gesalzene Speisen verursachen bei den Tieren Darmprobleme, die zum Tod führen können.

Beginnen sollten Sie mit der Fütterung vor dem ersten Schneefall – allerdings nur in ganz geringen Mengen. Sobald die Schneedecke geschlossen ist, wird gefüttert bis zum nächsten Frühjahr.

Eigentlich könnten Sie jetzt schon dort fortfahren, wo Sie im Januar begonnen haben – mit dem gemütlichen Ausruhen vor dem Kachelofen. Eines aber sollten Sie unbedingt noch erledigen: Futterkästen für die Vögel aufstellen. Auch wenn es unter Naturschützern umstritten ist, ob Winterfütterung sinnvoll ist: Bei mir werden die kleinen, gefiederten Läusevertilger verwöhnt – als Dank für die perfekte Arbeit im zu Ende gehenden Jahr.

Bei Schnee und klirrendem Frost sind die Vögel für Futter dankbar.

... UND NOCH EIN PAAR FAULENZERTIPPS, DIE ARBEIT SPAREN!

- *Eigentlich hat die Winterruhe schon begonnen. Wenn es Sie dennoch „juckt", holen Sie sich doch in Büchern und Katalogen Ideen für das kommende Jahr – planen Sie jetzt und bestellen Sie rechtzeitig.*

- *Die „Winterblüher" öffnen jetzt die Blüten: Zaubernuss, Duftschneeball, Winterkirsche. Wenn Sie noch keine haben – vormerken.*
- *An trockenen, frostfreien Tagen kann sogar jetzt noch Unkraut*

von den Beeten gejätet werden; diese Fitnessübungen machen sich im Frühjahr bezahlt, denn das neue Gartenjahr beginnt dann ohne unerwünschtes Begleitgrün ...

Der bequeme Garten für …

1 … *die ganze Familie*
2 … *die Zweisamkeit*
3 … *Singles*
4 … *Senioren*
5 … *Naturliebhaber*

Gärten –
Begleiter durchs Leben

Der bequeme Garten

für die ganze Familie

Tipp

Planen Sie den Garten wirklich mit der gesamten Familie! Ob Vater, Mutter oder Kinder – jeder darf seine Wünsche äußern. Bedenken Sie aber schon bei den ersten Skizzen, wie sich die Ansprüche verändern – das ermöglicht eine vorausschauende Planung. Beispiel Bachlauf: In einem Garten mit kleinen Kindern wird das fließende Wasser gerne zum Spielen verwendet. Und wachsen wird dort kaum etwas. Erst, wenn die Kinder größer sind, lässt sich das Bächlein mit Pflanzen gestalten.

DIE WICHTIGSTEN ELEMENTE

- Sitzplatz für die ganze Familie
- Grill- und Partyplatz
- Blumenwiese
- Spielwiese
- Hausbaum mit Schaukel
- Obstbäume
- Wildsträucherhecken
- Erlebnisbereiche unter Büschen
- Sandspielgrube
- Bachlauf – zuerst zum Spielen, später zum Gestalten
- Naschbeete mit Himbeeren, Erdbeeren
- Heidelbeeren im Hochbeet
- Flacher Miniteich (ev. mit Kinderschutz)
- Insektenwand
- Kinderspielhaus

DIE BESTEN PFLANZEN

- **Blumen, die im Familiengarten nicht fehlen dürfen:** Sonnenblumen, Ringelblumen, Kapuzinerkresse
- **Blumenwiese:** mit vielen Blumen zum Pflücken (Margeriten, Glockenblumen, Wiesenschaumkraut und natürlich Gänseblümchen)
- **Hausbaum:** z.B. Kirschbaum, Apfelbaum: Pflanzen Sie gleich ein größeres Solitärgehölz in einer Sorte, die Ihnen ein örtlicher Baumschulist empfiehlt (robust, krankheitsresistent, gut fruchtend).
- **Hecken:** Vermeiden Sie Schlehe, Sanddorn (gefährliche Dornen) und Goldregen (giftig!) Aber: Kornelkirschen, Haselnuss, Holunder, Flieder, Forsythie, Pfeifenstrauch sind als frei wachsende Hecke gut geeignet.
- **Für geschnittene Hecken:** Hainbuche. Liguster ist nur bedingt empfehlenswert, da die Früchte ebenfalls giftig sind.

- **Bei immergrünen Hecken:** Vorsicht ist bei Eiben geboten – sehr giftig! Hier besser (mit allem Ach und Weh) Thujen verwenden.
- **Naschgarten:** Himbeere ('Autumn Bliss'), Johannisbeere (frühe und späte Sorten; z. B.: 'Jonkher van Tets', – sehr früh, 'Rosetta' sehr spät), Erdbeeren ('Monatserdbeeren' und „immer tragende" z.B. 'Ostara'), Heidelbeeren ('Blue Crop'), Brombeeren ('Jumbo' – dornenlos!)
- **Obstbäume:** Aprikose ('Ungarische Beste' – unbedingt als Spalier an Hauswand pflanzen), Kirsche ('Prinzessin-kirsche'), Äpfel ('Klarapfel' – sehr früh!, 'Gravensteiner'), Birne ('Gute Luise')
- **Rosen:** *Rosa rugosa* – gut duftend, leicht zu pflegen, robust, „überlebt" sogar Fußballspiele!

Mit den Bereichen: Sitzplatz, Grillplatz, Spielwiese, Sandspielgrube, Bachlauf, zum Spielen, Naschbeete: Himbeeren, Erdbeeren, Heidelbeeren (im Hochbeet), Hausbaum mit Schaukel, Miniteich, Miniblumenwiese, Insektenwand

Keine Verbote – ein Garten zum Spielen

Für die Kleinen der Sandspielplatz, die größeren der Bachlauf; für die Mutti ein Ruheplatz unter dem Hausbaum und der Papa steht beim Griller – Familienidylle pur!

Der Garten für die ganze Familie ist kein perfekt angelegter Garten, sondern einer, der sich Tag für Tag verändert. Ganz den Bedürfnissen der jungen Familie angepasst. Einmal mehr Ballspielplatz, dann wieder mehr Party-Gelände, aber niemals: „Achtung – aufpassen, die Blumen!" Die Familie findet gemeinsam Begeisterung an der Natur: Der Teich mit seinen vielen Bewohnern, die Insektenwand, wo hunderte verschiedene Tiere auf

engstem Raum ihre Häuser bauen und natürlich die Blumenwiese – das Stück Natur, das in diesem Garten das gepflegte Blumenbeet ersetzt. Spiel und Spaß stehen im Vordergrund. Und der Genuss: Im Naschgarten wachsen Erdbeeren, Himbeeren, Heidelbeeren – lauter Früchte, die sofort verspeist werden können.

Der bequeme Garten

Tipp

Bedenken Sie beim Anlegen eines solchen Gartens für die Zweisamkeit, wie viel Zeit Sie dem Garten widmen möchten. Gärten dürfen nicht zur Belastung werden. Daher – gerade hier – den Garten Schritt für Schritt entstehen lassen. Nach der Auflistung der Ideen eine Reihenfolge für die Umsetzung festlegen. Nur so bleibt das Wichtigste erhalten: Spaß am „Garteln".

DIE WICHTIGSTEN ELEMENTE

- Frühstücks-Sitzplatz an der Ostseite des Hauses
- Verträumte Gartenlaube, begrünt mit vielen duftenden Kletterpflanzen
- Grill- und Partyplatz – begrünte Pflasterfugen machen große Plätze auch dann nicht eintönig, wenn sie unbenutzt sind.
- Naschgarten (Beerenobst)
- Gemüsegarten (nur Kräuter, Blattsalate und Tomaten)
- Rasenflächen (ev. teilweise Blumenwiese)
- Frei wachsende Hecken
- Schwimmbad oder Schwimmteich

DIE BESTEN PFLANZEN

- **Gemüsegarten:** Kräuter (Schnittlauch, Petersilie, Basilikum – nur im milden Klima, sonst lieber im Topf, Lavendel, Salbei, Rosmarin – ebenfalls im Topf) und Salate (unbedingt Rucola, Eichblattsalat und andere Pflücksalate – gibt es auch als fertige Saatgutmischung – Saatbänder)

- **Hausbaum:** schlanke Eiche, Obstbaum oder auch eine Kiefer – ganz nach Geschmack

- **Frei wachsende Hecke:** Flieder, Traubenkirsche, Haselnuss, Eberesche, Pfaffenhütchen, Pfeifenstrauch, Schlehe, Goldregen, Forsythie und andere (siehe Wildsträucher-Hecke)

- **Naschgarten:** Himbeeren ('Autumn Bliss' – wird jedes Jahr bis zum Boden zurückgeschnitten), Johannisbeeren (eine frühe und eine spätere Sorte), Heidelbeeren ('Blue Crop')

- **'New Dawn'** – die robusteste Rose für die Gartenlaube (ev. kombiniert mit 'Wedding Day' – ein Blütentraum)

- **Rosenbeet beim Haus:** Strauchrose ('Westerland' – orange), Edelrose ('Burgund 81' – blutrot, 'Gloria Dei' – gelb, 'Pascali' – weiß, 'The Queen Elisabeth Rose' – silbrigrosa – die robusteste von allen)

- **Sommerflieder** – ein Traum, wenn hunderte Schmetterlinge zu Besuch kommen! ('Pink Delight' – rosa, 'White Bouquet' – weiß)

Unkraut jäten?
Da hat man besseres zu tun!

Plätzchen zum Träumen, Rosenbeete, Blumen, Bäume, Blumenwiese, Sitzplätze, Grillplatz, Platz für Gartenpartys ...

Was ist wohl wichtiger? Das Schwimmbad, die verträumte Laube – oder doch der Grillplatz für eine tolle Sommerparty? Egal: Gärten für Pärchen sollen so wenig Mühe wie nur möglich machen. Denn schließlich hat man besseres zu tun, als Unkraut zu jäten ...

In diesem Garten fehlen die üppigen Blumenbeete, die im Jahreslauf bepflanzt werden und relativ viel Pflege benötigen. Dafür gibt es viele Sitzplätze, einen kleinen Naschgarten mit den so einfach zu kultivierenden Beerengehölzen (Himbeere, Johannisbeere, Heidelbeere) und einen Gemüsegarten, der im Wesentlichen

aus Kräutern, vielen Pflücksalaten und einigen Tomaten besteht.
Der Garten ist formal angelegt, hat aber dennoch eine verträumte Laube – an heißen Sommertagen ein Traumplätzchen. Die Besitzer können – ganz nach Lust und Laune – Teile der Rasenflächen zu einer Blumenwiese weiterwachsen lassen. Durch die kleinteilige Struktur bleibt genug Fläche, um bei Besuch Liegestühle aufzustellen. Herz des Gartens ist zweifellos ein Grillplatz. Kombiniert mit einem überdachten Sitzplatz und der Laube ergibt sich so ein attraktives Stück Garten, das bei stilgerechter Pflasterung auch einen hohen dekorativen Wert hat. Und noch etwas sollte man nicht ver-

gessen: ein schönes Frühstück nach einer Nacht der Zweisamkeit – daher sollte auf einen Platz für den Frühstückstisch an der Ostseite (Sonnenaufgang) nicht verzichtet werden. Trotzdem wirkt auch ein solcher Garten nicht öd und leer: Im Gegenteil, durch die naturnahe Gestaltung bleibt den Pflanzen viel mehr Platz, sich zu entfalten. Haben die Besitzer den Mut, die eine oder andere Pflanze dort wachsen zu lassen, wo sie sich selbst ansiedelt, dann kann aus einem solchen Garten ein Paradies werden – eines, aus dem man nicht vertrieben wird.

161

Der bequeme Garten

Tipp

Singles sind spontan. Heute dies, morgen das! Der Garten (und damit die Natur) geben allerdings einen anderen Takt an. Begehen Sie nicht den Fehler, den viele machen: Das Anlegen des Gartens beginnt nicht im Gartencenter mit dem Einkaufswagen, sondern mit der Planung daheim. Überlegen Sie genau, wie viel Zeit Sie wirklich erübrigen können. Und dann wird eingekauft – aber alles. Und sofort!

DIE WICHTIGSTEN ELEMENTE

- **Große Rasen- oder Blumenwiesenflächen**

- **Viele Bäume und Sträucher**

- **Sitzplatz für Sommerpartys**

- **Grillplatz**

- **Kleiner Gemüsegarten**

- **Frei wachsende Hecken**

DIE BESTEN PFLANZEN

- **Buchs** gehört zu den bequemsten und zugleich dekorativsten immergrünen Gehölzen.

- **Duftende Kletterpflanzen** zum Begrünen des Pavillons. Rose ('New Dawn'), Geißblatt *(Lonicera heckrottii)*, Blauregen – nur veredelte Sorten (z.B.: *Wisteria floridbunda* 'Prolific')

- **Gemüsegarten:** Kräuter (Schnittlauch, Petersilie, Basilikum – nur im milden Klima, sonst lieber im Topf), Salate (unbedingt Rucola, Eichblattsalat und andere Pflücksalate – gibt es auch als fertige Saatgutmischung – Saatbänder)

- **Frei wachsende Hecke:** Flieder, Traubenkirsche, Haselnuss, Eberesche, Pfaffenhütchen, Pfeifenstrauch, Schlehe, Goldregen, Forsythie und andere (siehe Wildsträucher-Hecke)

Viel Grün
und wenig Mühe

Ein typischer Terrassengarten — bequem, einfach, robust und dennoch romantisch — für so manche gemeinsame Stunde: Tomaten, Kräuter ...

Eigentlich steht das „Garteln" für Singles ganz am Ende der Hitparade. Bei allen? Nein, alle wollen doch nicht ganz darauf verzichten. Aber dann sollte es zumindest so einfach wie nur möglich sein. Viel Grün und wenig Mühe, lautet die Devise. Und viel Platz, wenn das Single-Leben doch einmal zu Ende geht ...

Heute joggen, morgen golfen und übermorgen? Den Garten genießen. Alle, die im stressigen Berufsleben stehen, die Jahr für Jahr auf der Karriereleiter hochklettern, werden bald erleben, wie erholsam ein Stück Grün sein kann. Immerhin tut 's jeder

Dritte — einmal pro Woche, sagt die Statistik: „Garteln". Daher können sich auch die Singles nicht davor drücken, denn es ist ja „IN". Und so entsteht das Stück Grün ums Haus eben so, dass es kaum Aufwand macht. Viele robuste Bäume und Sträucher, große Rasenfläche, die einmal pro Woche anstelle des Joggens gemäht wird, und als Einstiegsdroge ein kleines Gemüsegärtchen. Für die italienischen Salate à la „Abnehmen leicht gemacht".
Sommerzeit ist freilich die Zeit zum Feiern und deshalb fehlt auch in diesem Garten kein Grillplatz. Der Pavillon ist so gestaltet, dass er gut

15 Gästen Platz bietet, im Normalbetrieb aber nicht leer wirkt. Eine Hängematte wird dann zwischen die Holzpfähle gespannt — so bleibt auch an heißen Sommertagen der Garten das zweite Wohnzimmer.
Im Singlegarten lässt sich natürlich — je nach Vorliebe — sehr viel Natur integrieren. Blumenwiese, Wildsträucherhecke und in späterer Phase vielleicht sogar ein kleiner Gartenteich. Aber: Der ungelernte Singlegärtner sollte mit seinem Garten langsam wachsen. Nur dann macht das Garteln auch wirklich Spaß.

Der bequeme Garten

4

Tipp

So wie wir Menschen, kommen auch Gärten ins Alter. Auch ein „alter" Garten kann durchaus seine Reize haben. Meist sind Bäume und Sträucher schon so groß geworden, dass darunter viele Schattenflächen entstehen. Diese sind weniger Problem als Herausforderung: Farne, Funkien und im Frühjahr viele Zwiebelblumen machen solche Gärten zu einer wahren Oase der Natur.

DIE WICHTIGSTEN ELEMENTE

- **Blumenwiese im Frühjahr mit vielen Blumenzwiebeln (Krokusse, Schneeglöckchen, Blausternchen u.s.w.)**

- **Gartenteich, eventuell mit kleinem Bachlauf**

- **Gemüsegarten mit Hochbeeten**

- **Sitzplätze (auf der Terrasse und unter dem Hausbaum)**

- **Klein bleibende Blütensträucherhecke vor dem Haus**

- **Strauchrosenpfad**

- **Schattenbeete unter älteren Gehölzen und Bäumen**

DIE BESTEN PFLANZEN

- **Kleine Blütensträucher:** Goldglöckchen (*Forsythia* x *intermedia* 'Marée d'Or' – nur 50 cm hoch werdender Strauch mit üppiger Blüte);
Sternmagnolie (*Magnolia stellata* – langsam wachsend, Blüte im zeitigen Frühjahr);
Sommerflieder (*Buddleja* 'Dart's Ornamental White' – kompakt, dichter Wuchs, weiß);
Zaubernuss (*Hamamelis* x *intermedia* 'Diane' – rote Blüten im Winter!);
Winterduftschneeball (*Viburnum bodnantense* – rosa blühend, von November bis April)

- **Große Korkenzieher-Haselnuss** (*Corylus avellana* 'Contorta' – wunderschöner Solitärstrauch, anspruchslose und pflegefrei)

- **Hausbaum:** falls genug Platz, unbedingt einen Walnussbaum. Hält Mücken ab und wächst sehr schnell.

- **Rosengarten:** Alte Strauchrosen: ('Suaveolens' – weiß, 'Frühlingsgold' – goldgelb, 'Constance Spry' – hellrosa, alle einmal blühend);
Moderne Strauchrosen ('Westerland' – gelborange – der Favorit, 'Schneewittchen' – weiß, 'Mme. Pierre Oger' – silbrig-rosa);
Kartoffelrose (*Rosa rugosa*) – duftende Blüten, dekorative Früchte (Hagebutten)

- **Für den Schatten:** Funkien *(Hosta spec.)*, Farne, viele Blumenzwiebel, Leberblümchen, Veilchen

Hochbeete – und die Pflanzen kommen zum Gärtner

Hochbeete, Dauerblüher, Blumenwiese statt Rasen, großer Teich, Bachlauf

Wenn Menschen ins Alter kommen, dann müssen die Gärten mitziehen. Oft erfolgt der Übergang fließend und kaum erkennbar: Da wird ein Beet aufgelassen, dort wird der Rasen zur Blumenwiese – und aus der geschnittenen Hecke wird eine frei wachsende ...

Gärten für Senioren müssen nicht langweilig sein, ganz im Gegenteil: Hier kommt es wirklich auf die Grundlagen der Gestaltung an. Gemüsegärten werden beispiels-weise von vielen älteren Menschen gemieden – das Bücken macht nun mal Probleme. Hochbeete sind da die praktische Alternative. Wer ein-mal diese etwa einen Meter hohen Beetumrandungen im Garten aus-probiert hat, wird nicht mehr auf sie verzichten wollen. Im Vorbei-gehen wird da „gegartelt" – ohne Kreuzschmerzen!

Oder die Blütensträucher anstelle des Blumenbeetes. Früher war das der Stolz der Hausfrau – täglich gehegt und gepflegt. Nun stehen dort einige alte Strauchrosen (mit traumhaftem Duft), Zwergflieder, klein bleibender Sommerflieder, Forsythien, die nicht zu groß wer-den und einige „Winterblüher": Zaubernuss und Duftschneeball zum Beispiel.

Beliebt ist im Hochsommer der Sitz-platz unter dem inzwischen groß gewordenen Hausbaum und am Gartenteich, dem Stolz des Haus-herrn – immer wieder mit einer neuen Überraschung und fast ohne Arbeit.

5

Der bequeme Garten

für Naturliebhaber

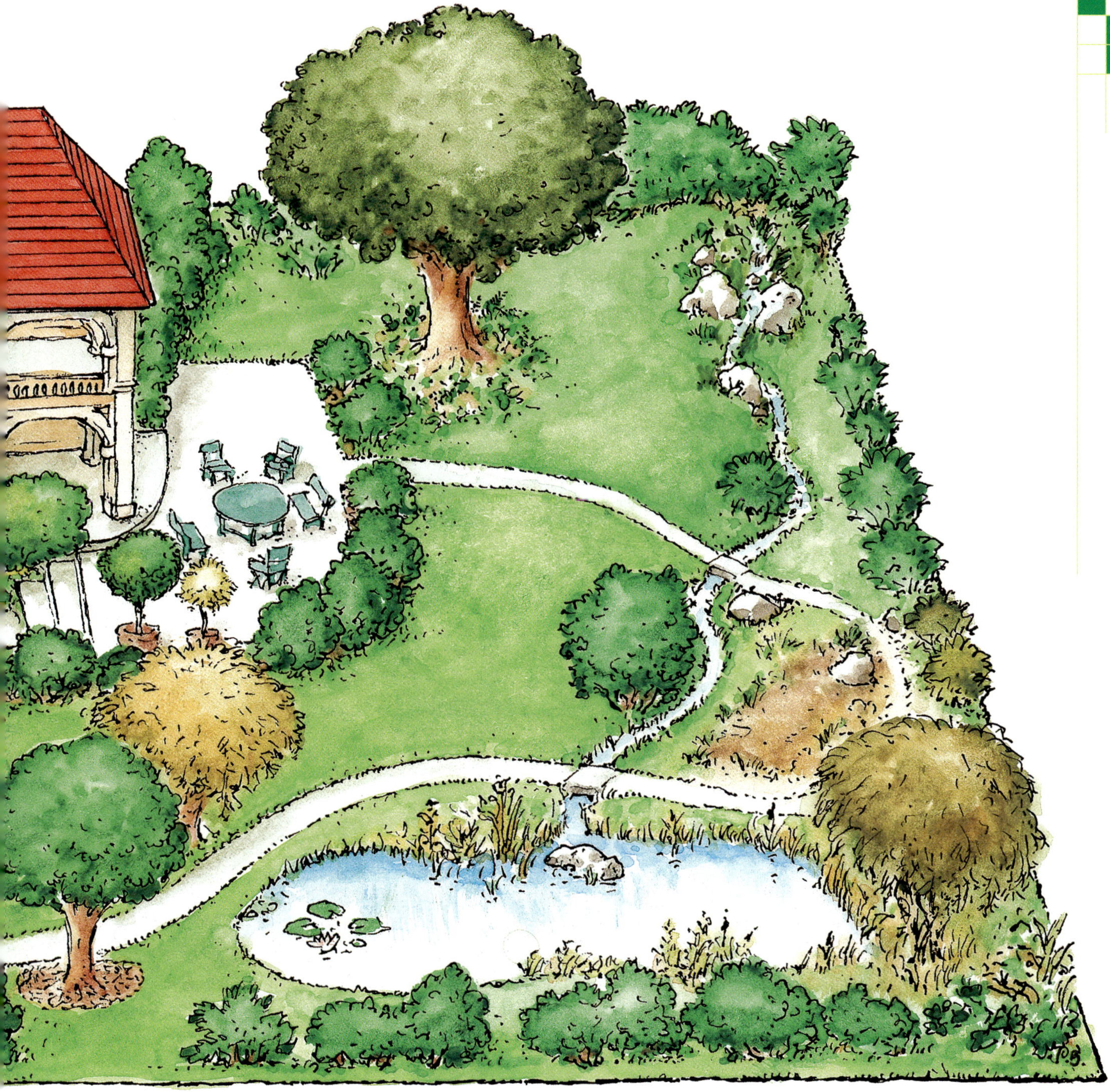

Tipp

Ein naturnaher Garten sollte sich stark der lokalen Vegetation anpassen. Beginnen Sie daher die Gestaltung des Gartens mit einem intensiven Erkunden der Umgebung. Nicht nur die Naturlandschaft und ihre typischen Gewächse sollten beachtet werden, sondern auch die Nachbargärten. Viele Unkräuter sind Zeigerpflanzen, die helfen, die passenden Pflanzen zu finden.

DIE WICHTIGSTEN ELEMENTE

- **Gartenteich** – eine Oase der Natur, die langsam zum Paradies wird. Nichts übereilen.
- **Bachlauf** – sieht erst nach zwei, drei Jahren perfekt eingewachsen aus.
- **Wildsträucherhecke**
- **Blumenrasen, Blumenwiese** – beim Anlegen auf Humusabbau achten.
- **Gemüse-, Beeren- und Obstgarten**
- **Plattenwege mit begrünten Fugen**
- **Trampelpfade zum Entdecken**
- **Hausbaum**
- **Kletterpflanzen am Haus**

DIE BESTEN PFLANZEN

- **Bachlauf:** Streuen Sie Brunnenkresse-Samen ins Bachbett, das schafft eine erste natürliche Vegetation.

- **Beerensträucher:** Himbeere ('Autumn Bliss'), Johannisbeere, Gartenheidelbeere

- **Besondere Gehölze:** Judasbaum *(Cercis siliquastrum)*, Weiden – beim Teich, Korkenzieherhasel, Kletterrosen in die Hecke hinein ('Bobbie James', 'Kiftsgate')

- **Blumenrasen**

- **Blumenwiese**

- **Blumenzwiebeln:** Narzissen, Krokus, Schneeglöckchen, Blausternchen als Unterpflanzung unter der Hecke

- **Felsennelke** *(Petrorhargia saxifraga)* – die schönste Fugenpflanze für Wege

- **Obstgehölze:** Apfel, Kirsche, Aprikose (Marille), vor Regen geschützt als Spalier an der Hauswand

- **Teich- und Sumpfpflanzen**

- **Wildsträucherhecke:** Wilder Flieder, Sanddorn, Schlehe, Traubenkirsche, Eberesche, Haselnuss

Ein Paradies entsteht vor der Haustür

Viel Natur, kaum Wege, viele Verstecke für Tiere, Teich, Wildsträucherhecke, Bäume ...

Gleich vorweg — der Garten für diese Menschen ist immer zu klein. Kein Baum, kein Strauch, keine Blume dürfen in der Sammlung fehlen. Und so wird aus dem Garten allmählich ein kleiner Urwald — mit Lebensräumen für viele Tiere und einer ungeheuren Vielfalt an Pflanzen.

Gärten von Naturliebhabern können eigentlich nicht auf dem Papier entstehen. Sie können auch nicht wirklich geplant werden — denn für diese Menschen gilt: Die Natur ist der Bauherr. Und so wird nur das Grundgerüst festgelegt. Ein Teich, ein Bachlauf,

eine Blumenwiese, eine bunte Hecke und große Blumenbeete.
Dazu natürlich ein Gemüse-, Beeren- und Obstgarten, denn das Genießen erfolgt auch über den Magen — und was schmeckt schon köstlicher als süße Himbeeren, frisch gepflückt?
In den ersten Jahren wird der Garten vielleicht noch etwas leer aussehen, aber schon nach der dritten oder vierten Gartensaison beginnt die Wanderschaft der Pflanzen — und die wird nicht vom Gartenliebhaber unterbunden. Am Rand des Weges wächst eine Königskerze, das Wiesenschaumkraut breitet sich im Rasen aus und

unter der Wildsträucherhecke nisten sich Veilchen und Leberblümchen ein. Bald wird der Besitzer eines solchen Gartens bemerken, dass sich sehr unterschiedliche Klimazonen im Garten ergeben — ganz von selbst. Einmal ist der Boden trockener, anderswo bleibt bei Regen das Wasser stehen. Dort ist immer Schatten und vor der Terrasse Sonne, wie im Süden. Keine Angst — für jedes Stück Land gibt es die passenden Pflanzen. Und so wird das „Garteln" zur Herausforderung. Trotzdem bleibt es bequem.

Grüne **Surftipps**

Die Homepage des Autors

http://www.biogaertner.at

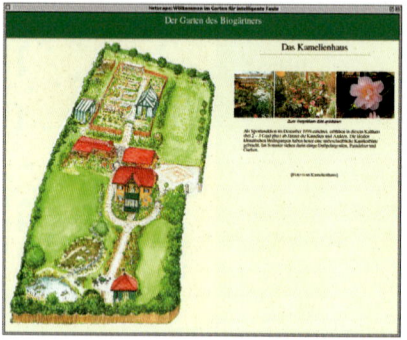

Auf dieser Seite gibt es viele aktuelle Tipps, Bilder aus seinem Garten sowie die Möglichkeit, Fragen persönlich an den Autor zu richten. Außerdem finden Sie alle Surftipps zum direkten Anklicken – so brauchen Sie keine Adressen einzutippen.

Organisationen/Vereine

Deutsche Gartenbaugesellschaft
http://www.dgg1822.de

Österreichische Gartenbaugesellschaft
http://www.oegg.or.at

Die Königlich Botanische Gesellschaft von England
http://www.rhs.org.uk/

Garten im Fernsehen

Querbeet
Gartensendung des Bayerischen Fernsehen
http://www.br-online.de/freizeit/querbeet/

Haus und Garten
Gartensendung des WDR
http://www.wdr.de/tv/service/heim/

Fernsehgärtner
NDR
http://www.fernsehgaertner.de/

Zeitschriften

Gartenhaus
http://www.garten-haus.at
Eine Gartenillustrierte, die auf Grund der vielfältigen Themen ein breites Publikum – Garteninteressierte wie auch Fachleute – anspricht. Dazu gibt es noch viele Tipps für die Gestaltung von Haus und Garten.

Gartenpraxis
http://www.gartenpraxis.de
Die beste deutschsprachige Gartenzeitung mit fundierten Fachberichten. Die Zeitschrift ist für Experten und hochinteressierte Hobbygärtner und Botaniker geschrieben.

Biogartenzeitschrift „kraut & rüben"
http://www.krautundrueben.de
Das beste und bekannteste Biogarten-Magazin. Schließlich ist Marie-Luise Kreuter, die Mutter der Biogarten-Bewegung, die Herausgeberin.

Gartenzeitschrift „Flora"
http://www.flora.de/
Gerade in den letzten Jahren ist diese Zeitschrift zu einer beliebten Informationsquelle geworden. Tipps zur Gartengestaltung und Pflege sowie zahlreiche Hintergrundinformationen findet man in diesem Magazin.

Gartenzeitschrift „Mein schöner Garten"
http://www.mein-schoener-garten.de/
Die größte Gartenzeitung Europas bietet umfangreiche Infos in einem gut gegliederten Heft mit einem ausführlichen Praxisteil.

Meine grüne Welt
http://www.meinegruenewelt.de
„Gärtnern leicht gemacht" – Der Newcomer unter den Gartenmagazinen hat sich innerhalb kürzester Zeit zu einem nicht mehr wegzudenken Gartenheft gemausert. Vor allem die vielen Gartenportraits zeichnen das Magazin aus.

Gartenzeitung
http://www.gartenzeitung.de/
Eine der ältesten Gartenzeitungen Deutschlands, die sich durch besonders kompetente Fachartikel auszeichnet. Viele Tipps und Ratschläge sind darin zu finden.

Grüner Anzeiger
http://www.grueneranzeiger.de/
Eine Zeitung für echte Freaks: Kleinan-

zeigen von und für Pflanzenliebhaber und viele Geschichten rund um den Garten.

Natürlich Gärtnern

http://www.natuerlich-gaertnern.de/
Viele Hintergrundberichte zum Thema Biologisch Gärtnern.

Gardens Illustrated

http://www.gardensillustrated.com
Wer einmal die Englische Gartenkunst er„lesen" will, braucht nur in diesem Hochglanzmagazin zu blättern. Es ist ein Vergnügen, die Liebe zum Garten und zur Gestaltung zu spüren.

Pflanzen

Staudengärtnerei und Baumschule Praskac

http://praskac.at/
Eine der bestsortierten Gärtnereien Österreichs: Ob Bäume, Sträucher oder Stauden – hier findet man alles. Und wenn nicht, ist der Firmenchef gerne bereit, das „Objekt der Begierde" aufzuspüren.

Stauden Sarastro

http://www.sarastro-stauden.com/
Wer einmal erlebt hat, mit welcher Freude Christian Kress dem Gärtnern frönt, der wird immer wieder kommen. Die noch relativ junge Staudengärtnerei hat einen großen Schatz an Storchschnabel, Funkien und Schneerosen. Unbedingt mit einem Besuch bei „Feldweber" verbinden (ganz in der Nähe).

Staudengärtnerei Feldweber

http://www.feldweber.com/
Wenn die Seniorchefin Zeit hat, wird der Rundgang zu einem botanischen Spazier-

gang. Wahrscheinlich gestattet sie auch einen Blick in ihren eigenen Garten. Beste Pflanzenauswahl. Am besten mit „Sarastro" verbinden (ganz in der Nähe).

Allgemeine Informationen über alle Baumschulprodukte

http://www.baumschulinfo.at/

Staudengärtnerei Dieter Gaissmayer

http://www.gaissmayer.de/
Hier wird der Staudeneinkauf zum Erlebnis. Und dann ist der eigene Garten wieder einmal zu klein. Nehmen Sie sich Zeit, wenn Sie hierher fahren. Besonders empfehlenswert: Illertisser Gartenlust. Hier trifft sich die Gartenwelt.

Rosenhof Schultheis

http://www.rosenhof-schultheis.de/
Hier erhält man alles, was das Rosenherz begehrt und dazu einen Firmenchef, der an Liebenswürdigkeit kaum zu übertreffen ist. Auch wenn es im „Rosenmonat Juni" noch so wirbelt – der Chef bleibt immer hilfsbereit.

Raritätengärtnerei Treml

http://www.pflanzentreml.de/
Ob Salbei oder Rosmarin, ob Afrikanische Kräuter oder Jasmin – hier findet man wirklich alles. Und dazu noch viele Geschichten und Geschichterln des Chefs.

Staudengärtnerei Gräfin Zeppelin

http://www.graefin-v-zeppelin.com/
Die Auswahl an Pfingstrosen, Iris und Taglilien ist enorm – eine Freude aber ist der Katalog: Man merkt, dass die jetzige Firmeninhaberin gelernte Buchhändlerin ist.

Staudengärtnerei Alpine Raritäten Jürgen Peters

http://www.alpine-peters.de/
Ob ein Leberblümchen für einige tausend Euro (!) oder Veilchen oder Glockenblumen, … Alpenpflanzen im Norden von Deutschland. Auch hier gilt: Hinschauen ist ein Muss!

Für Citrus-Liebhaber

http://members.aol.com/agrumivoss/
citrus.htm
Wer den Duft des Südens riechen will, muss Citrus auf der Terrasse kultivieren. Bernhard Voß hat sich auf winterharte Citrusarten spezialisiert und schon einige interessante Züchtungen herausgebracht.

Duftpelargonien Stegmeier

http://www.pelargonien-stegmeier.de/
Wenn schon, denn schon – Duftpelargonien üben eine große Faszination aus. Kaum vorstellbar für einen Sammler, dass diese Gärtnerei gleich einige tausend davon kultiviert.

Allgemeine Tipps

Gartenlinksammlung

http://www.gartenlinksammlung.de/
Die umfangreichste und beste Linksammlung zum Thema Garten: Von der Literatur bis zu den Pflanzen sind hier unzählige Hinweise zu finden.

Verlag Eugen Ulmer

www.ulmer.de
www.offene-pforte.de

Österreichischer Agrarverlag

www.agrarverlag.at
www.avbuch.at

Stichwortverzeichnis

177

Bildquellen

Alle Bilder vom Autor außer:

Böswirth & Thinschmidt: 4 alle, 5 alle, 6 oben
und unten, 8, 12/13, 17 alle, 30, 40/41, 48, 56,
59, 64, 65, 83 beide, 87 oben, 92/93, 98/99,
110/111, 113, 116/117, 118, 138/139, 151

Gunkel: 84 oben, 87 unten

Neumayr: 9

Renatur, Ruhwinkel: 86, 88

Impressum

© 2005 Österreichischer Agrarverlag Druck- und Verlagsges.m.b.H. Nfg. KG, Achauerstraße 49A, A-2333 Leopoldsdorf
© 2005 Eugen Ulmer GmbH & Co., Wollgrasweg 41, D-70599 Stuttgart (Hohenheim)

Die deutsche Bibliothek – CIP-Einheitsaufnahme
Ein Titelsatz für diese Publikation ist bei Der Deutschen Bibliothek erhältlich.

LEKTORAT: Veronika Schubert und Elke Papouschek, Österreichischer Agrarverlag
KORREKTORAT: Bettina Jakl-Dresel, Axel Fussi
UMSCHLAGGESTALTUNG AV AUSGABE: Petr Svestka, Wien
UMSCHLAGGESTALTUNG ULMER AUSGABE: X-Design, München
GRAFISCHE GESTALTUNG & SATZ: armanda, geisler Wien
ILLUSTRATIONEN: Peter Bürger
BILDREPRODUKTION: Hantsch & Jesch PrePress Services OEG

Printed in Austria
DRUCK UND BINDUNG: AV + Astoria Druckzentrum GmbH

ISBN (Österreich):   3-7040-2085-0
ISBN (Deutschland):   3-8001-4850-1

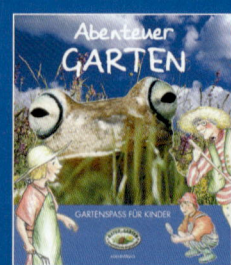